TUJIE FUZHUANG
CAIJIAN YU
FENGREN GONGYI
CHENGYIPIAN

XXXXXXXXXX

图解服装裁剪与缝纫工艺
成衣篇

XXXXXXXXXX

刘 锋 卢致文 吴改红 编著

化学工业出版社

·北京·

本书以表格的形式，图文结合，说明常见服装的裁剪与缝纫工艺。内容全面，品类齐全，包括半身裙、连衣裙、衬衫、裤装、夹克衫、西服、西服马甲、旗袍、汉服，共9类14款服装，每一款实例都配有款式图、结构图、纸样、排料图、缝制流程图、工艺要点分解图，易学实用，适合服装企业技术人员、广大服装爱好者阅读学习，也可供服装专业学生学习参考。

图书在版编目（CIP）数据

图解服装裁剪与缝纫工艺．成衣篇/刘锋，卢致文，
吴改红编著．—北京：化学工业出版社，2020.1（2024.11重印）
　　ISBN 978-7-122-35734-2

　　Ⅰ．①图⋯　Ⅱ．①刘⋯②卢⋯③吴⋯　Ⅲ．①服装
量裁-图解②服装缝制-图解　Ⅳ．①TS941.631-64
②TS941.634-64

　　中国版本图书馆CIP数据核字（2019）第245351号

责任编辑：崔俊芳　　　　　　　　　　　　　装帧设计：史利平
责任校对：边　涛

出版发行：化学工业出版社（北京市东城区青年湖南街13号　邮政编码100011）
印　　装：大厂回族自治县聚鑫印刷有限责任公司
880mm×1230mm　1/16　印张14　字数369千字　2024年11月北京第1版第10次印刷

购书咨询：010-64518888　　　　　　　　售后服务：010-64518899
网　　址：http://www.cip.com.cn
凡购买本书，如有缺损质量问题，本社销售中心负责调换。

定　　价：58.00元

前　言

　　衣食住行之首的"服装"，作为一门传统技艺和时尚产业，总会吸引一批批"新手"走进来，不断学习、研究和提高。服装缝制工艺是将一系列裁片进行组合的过程，现代化的设备可以改进组合的手段，既简便又能提升工艺质量、提高生产效率，对于难点工艺尤其有效。然而，关于组合关系、组合顺序等基本工艺原理，还是需要通过一个个部件、一件件服装的制作过程来领会。

　　有感于此，笔者结合二十多年的教学实践，精心筛选内容，选择典型实例，提炼传统工艺，细化现代工艺，特意编写《图解服装裁剪与缝纫工艺：基础篇》和《图解服装裁剪与缝纫工艺：成衣篇》。本套书从工艺的角度解读服装，每一款实例根据工艺特征命名，体系清晰，便于查找。所有工序拆解规范、详细，便于同类工艺间的对比，有利于模板工艺设计。各个细节都经过反复研究和改进，便于初学者学习和掌握。以图为主表达工艺，直观易懂，可以作为初学者入门起步的助手，还可以作为爱好者查阅的手册。结合简要的文字说明，将理论、技巧、细节融入其中，可以引导专业学习者研究工艺，并进行拓展应用。

　　本书为成衣篇，说明常见服装品类的裁剪与缝纫工艺，具体包括半身裙、连衣裙、衬衫、裤装、夹克衫、西服、西服马甲、旗袍、汉服，共9类14款服装。实例的选择，综合考虑款式及工艺的典型性与代表性。每一款实例都配有款式图、结构图、纸样、排料图、缝制流程图、工艺要点分解图，内容完整。结构图以原型法为主，借助款式图表达工序，直观、明了，工艺流程紧凑，并对组合工艺提炼出工艺要点，进行重点详细说明。

　　全书以表格的形式呈现，图文对应，组合顺序一目了然。本书所有工艺示意图都经过精心设计，反复修改，充分利用线与面的构成，采用多方位的视角，通过层次的排列、比例的控制，用线与用色相结合，立体化表达裁片间的组合关系，形象而且简洁地呈现工艺方法；对图中必要的数据进行标注，突出表达工艺的精细度。

　　本书的编写由刘锋老师组织，编写团队为太原理工大学教师，多年从事服装结构与工艺课程的教学。大家反复研究、讨论、修改，并广泛与学生交流，通力合作，历时几年，终于成稿。其中第一、第二、第四至第八部分由吴改红老师编写，第三、第九、第十、第十三部分由刘锋老师编写，第十一、第十二、第十四部分由卢致文老师编写。

　　在编写过程中，反复与编辑进行沟通，在内容、形式、编排等方面，编辑给出了很多好的建议，在此深表感谢！编写时得到许涛老师的大力帮助，还参考了许多著作、论文及网络资料与图片，在此一并表示感谢！

　　由于我们水平有限，书中难免有疏漏和不妥之处，敬请读者批评指正。

编著者

2019年9月

于太原理工大学

目　录

一、直身半身裙工艺

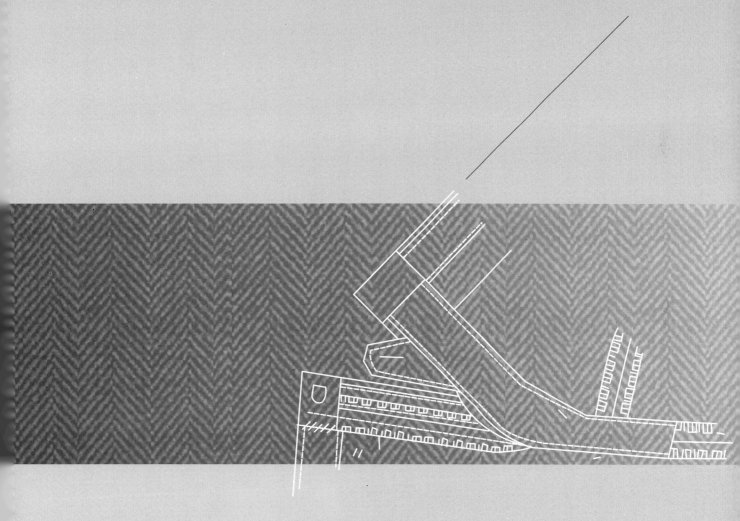

1. 款式说明与材料准备

款式说明		本款直身半身裙为挂里裙装，另装窄腰头，门里襟处钉裙钩扣，前身整片，后中缝下端开衩，上端装拉链，前、后腰口各收四个省，裙身呈直筒状，裙长至膝	
材料准备	面料	面料选择：直身半身裙面料材质选择范围比较大，根据穿着场合、季节以及个人爱好可选择不同花色和图案的面料，比如毛呢类、混纺类织物，棉、麻、丝等织物，颜色深浅均可。秋冬季穿用时，以毛呢类面料为主；春夏穿用时以吸湿透气的棉、麻面料为主	
		面料用量：幅宽144cm，用量约为腰围+搭门量+缝份（2cm），约为75cm。幅宽不同时，也要根据实际情况酌情加减面料用量	
	里料	里料选择：一般选择与面料材质、色泽、厚度相匹配的涤丝纺、尼丝纺等织物	
		里料用量：幅宽140cm，用量约为裙长+缝份（5cm），约为65cm	
	辅料	（1）裙钩：一副	
		（2）拉链：约20cm长的隐形拉链一条，要求与面料顺色接近	
		（3）缝线：准备与面料颜色及材质相匹配的缝线	
		（4）非织造布衬：幅宽90cm，用量大约为25cm	
		（5）打板纸：整张绘图纸2张	

2. 结构制图

制图规格 （cm）	号/型	裙长（*L*）	腰围（*W*）	臀围（*H*）	腰长
	160/68A	56	68+2	90+4	18

直身半身裙结构制图

W

腰头

3　　　　　　　　　　　　　　　　　　　　　　　　　　　3

里襟

$\dfrac{W}{4}-1.5+0.5$（吃势）　　　　　0.7　0.7　　　$\dfrac{W}{4}+1.5+0.5$（吃势）

2

1　　　　　　　　　　　　　　　　　　　　　　　　　　18

10　　11

11

0.5　　　0.5

0.5

6　0.3

$\dfrac{H}{4}-1$　　　　　　　　$\dfrac{H}{4}+1$

裙长-3

后片　　　　　　　　　　前片

4

左后片　右后片

19

3. 放缝与排料

（1）面料放缝与排料

图中未标明的部位放缝量均为1cm。面料样板编号代码为C。

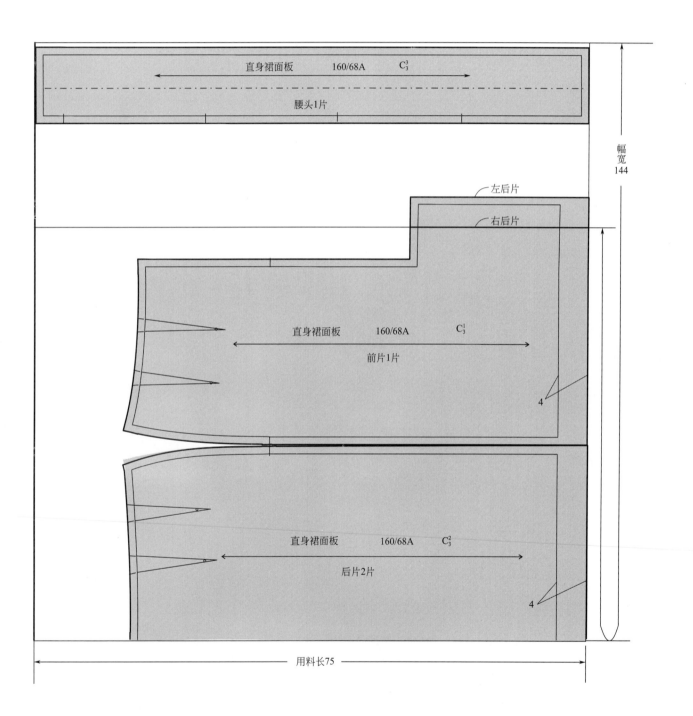

（2）里料放缝与排料

图中未标明的部位放缝量均为1cm。里料样板编号代码为D。

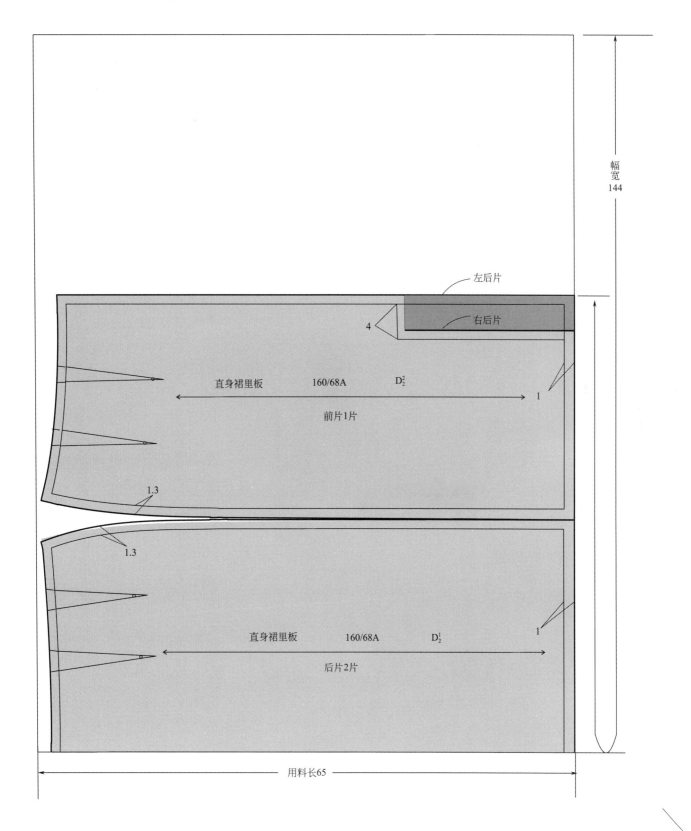

4. 缝制准备

检查裁片	检查数量：对照排料图，清点裁片是否齐全
	检查质量：认真检查每个裁片的用料方向、正反形状是否正确
	核对裁片：复核定位、对位标记，检查对应部位是否符合要求
做标记	按照样板分别在面料和里料的前后省位、开衩位、拉链止点、下摆等处做标记
烫黏合衬	腰头、裙后中绱拉链的部分及开衩处粘非织造布黏合衬。注意面料的性能，熨烫温度及压力要适宜，以保证粘衬均匀、牢固 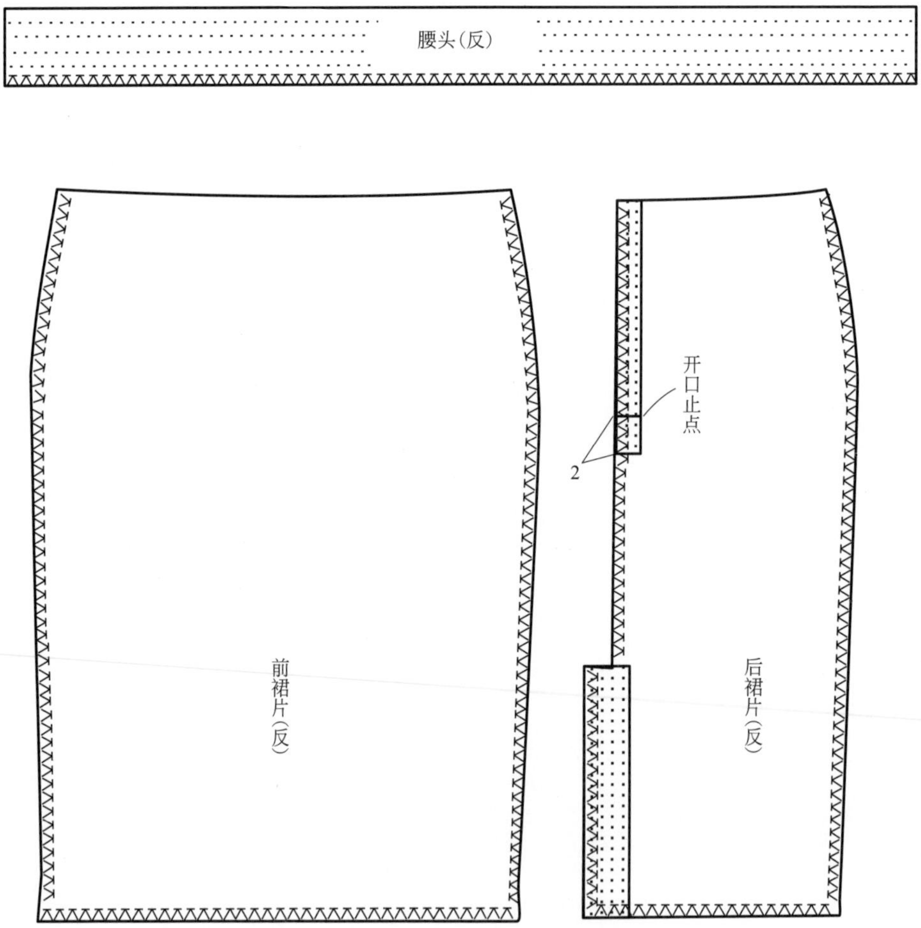
锁边	裙片腰口以外的三边锁边，腰头的一条侧边锁边

腰头（反）

开口止点

2

前裙片（反）

后裙片（反）

5. 缝制工艺流程

流程图示

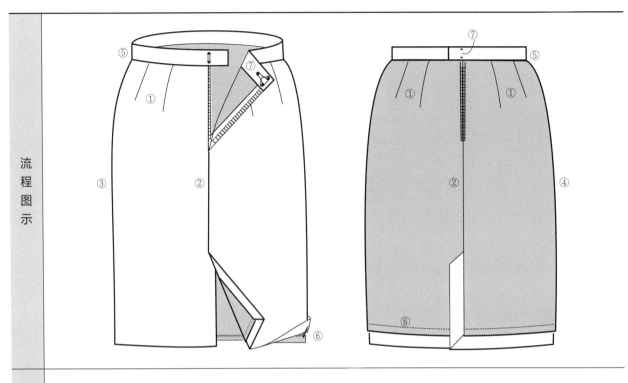

① 裙片收省：分别缝合裙面、裙里前后裙片上的各个省道，熨烫省缝，具体方法见工艺要点（1）

② 做后中：先缝合两片后中线的中段，然后上段装隐形拉链，下段做开衩，具体方法见工艺要点（2）

③ 合面料侧缝：将前后裙片侧缝缝合，起落针倒回针，分缝烫平；然后扣烫底摆

流程说明

④ 合里料侧缝：裙里的前后片对齐，正面相对，1cm缝份缝合两侧缝；三线包缝两侧缝的缝份（双层）；按照1.3cm缝份向后片扣烫侧缝

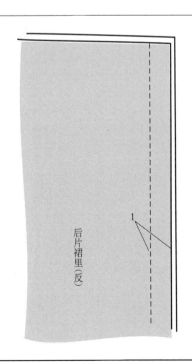

后片裙里（反）

1

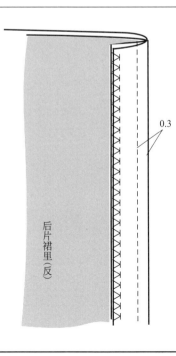

后片裙里（反）

0.3

流程说明

⑤ 做腰头：双层方形腰头工艺，具体方法见基础篇"正反夹缝法双层式腰头"

⑥ 做底边：扣烫裙面下摆的折边，手缝三角针固定；裙里的下摆做折边缝；在裙子两侧缝的底摆处，用线襻将裙面与裙里做悬挂固定，线襻长3～5cm

⑦ 锁钉：腰头门襟片钉裙钩，里襟钉拉钩

⑧ 整烫：盖水布，喷水熨烫。腰臀部需放在布馒头上熨烫，保证圆顺、窝服

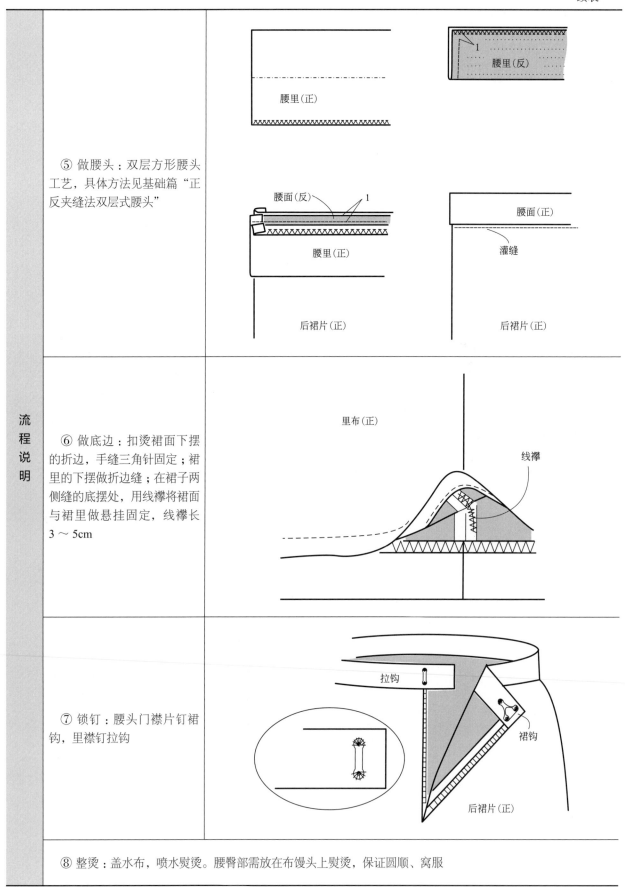

6. 工艺要点

（1）收省

裙面收省	缝合前（后）裙片上的省道，具体方法见基础篇"部位工艺——三角省"；裙片放在布馒头上熨烫，省缝倒向前（后）中心熨烫，烫至省尖位置时，用手向上推着省尖，以免这个区域的纱向变形	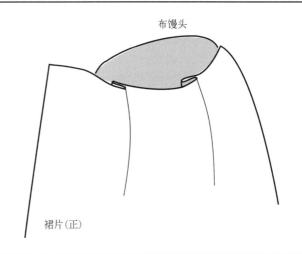
裙面归烫	前（后）裙片铺在烫台上，归烫侧缝的臀部区域，使侧缝尽量形成直线	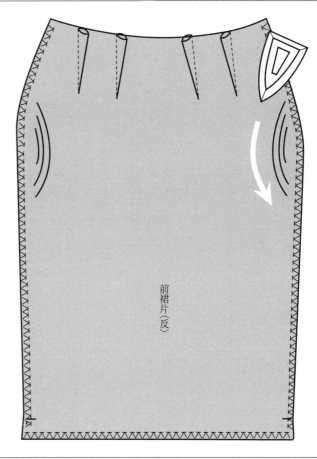
里料收省	方法与面料相同，里料的省道也可以按照褶裥的形式来处理。里料省道熨烫时，前后省缝分别向两侧烫倒，与面料省道的倒向相反，以减少裙子省道处的厚度，使表面更平整。熨烫时注意省尖处平服、无坑	

（2）做后中

缝合后中	两后片正面相对，从拉链止点起针（倒回针），缝合后中，缝份1cm，顺缉开衩上端，劈缝烫平	门襟止点缝合回针 缝合后中 右后裙片（反） 右后裙片（反） 2~3 1 1
绱拉链	隐形拉链工艺，具体方法见基础篇"裙装门襟工艺——隐形拉链"，注意需要专用压脚	
做里料	折边缝里料的下摆，缝合拉链与开衩之间的裙里后中线，右裙片里的开衩转折处打剪口	左后裙片里（反） 缝合后中 剪口 2 0.1 缝底边

续表

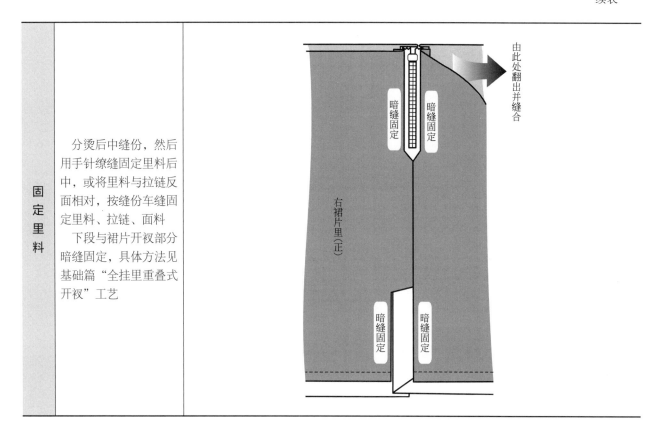

固定里料	分烫后中缝份，然后用手针缭缝固定里料后中，或将里料与拉链反面相对，按缝份车缝固定里料、拉链、面料 下段与裙片开衩部分暗缝固定，具体方法见基础篇"全挂里重叠式开衩"工艺

7. 成品工艺要求

项目	工艺要求
规格	允许误差：$W = \pm 1.0\text{cm}$，$L = \pm 1.5\text{cm}$
腰头	宽度一致，不拧、不皱、无起泡，线迹整齐
腰省	前后腰省位置、长度、大小对称，省尖平服、无泡
拉链	两侧高度一致，隐形拉链在拼缝处正好对合；普通拉链缉明线，止口均匀，线迹整齐、牢固
开衩	开衩上口平服，与中缝顺直，不起吊，不外翻，里子平服
下摆	贴边宽度一致，平服，无绞皱，不变形，正面线迹符合要求，要求线迹松紧适宜，正面不露针迹
侧缝	缝口顺直，无死相，两侧平服，无坐势
里子	与裙面规格相符，平整，无毛露，侧缝固定
整烫效果	平整、挺括、无脏、无黄、无焦

二、育克半身裙工艺

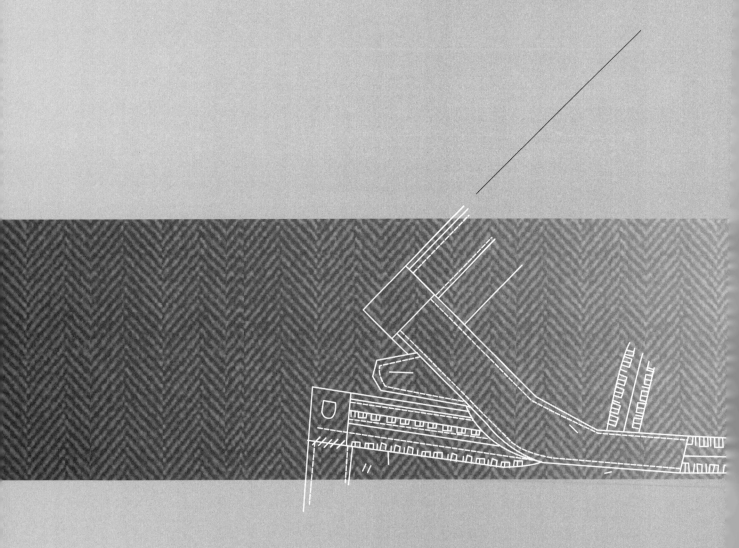

1. 款式说明与材料准备 ✂

款式说明	育克半身裙以其活泼等特点，深受年轻人的喜爱。本款裙装廓形呈A形，裙长较短，无腰头，宽育克，前中有一对暗裥，后中缝绱隐形拉链	

材料准备	**面料**	面料选择：面料材质适合选择结实有弹性的面料。毛织物如法兰绒、华达呢、哔叽等；棉织物如粗斜纹布、凸纹布、灯芯绒等；也可采用麻、化纤等面料
		面料用量：幅宽144cm，用量约为裙长+10cm，约为65cm。幅宽不同时，根据实际情况酌情加减面料用量
	辅料	（1）拉链：约20cm长度的隐形拉链一条，要求与面料顺色接近
		（2）非织造布衬：幅宽90cm，用量大约为30cm
		（3）缝线：准备与使用布料颜色及材质相符的缝线
		（4）打板纸：绘图纸2张

2. 结构制图

制图规格 （cm）	号/型	裙长（L）	腰围（W）	臀围（H）	腰口贴边
	160/68A	45	68+2（放松量）	90+4（放松量）	4

育克半身裙
结构制图

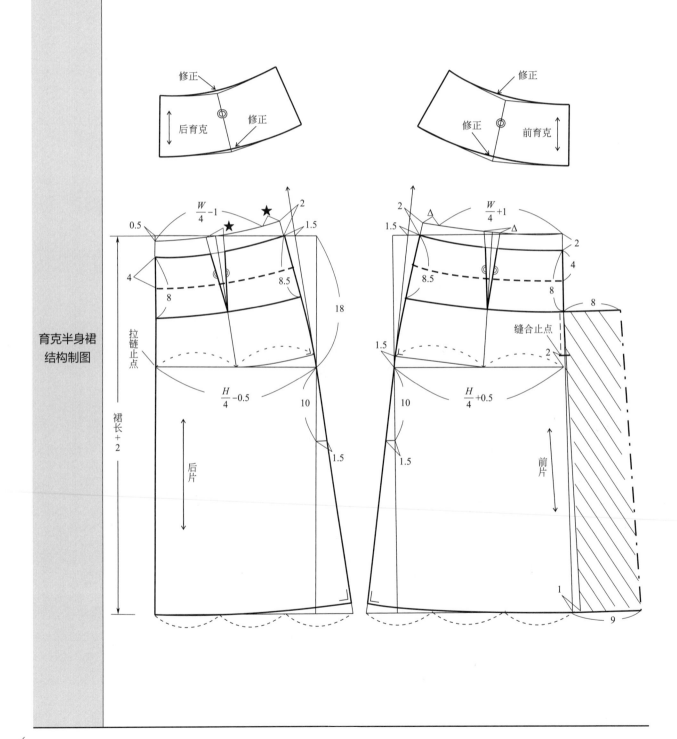

3. 放缝与排料 ✂

图中未标明的部位放缝量均为1cm。面料样板编号代码为C。

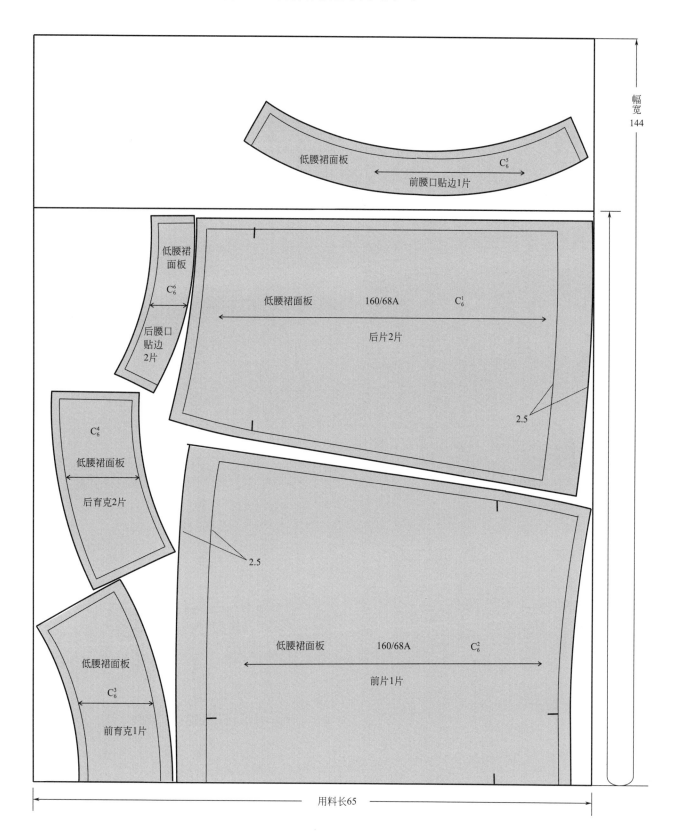

4. 缝制准备

检查 裁片	检查数量：对照排料图，清点裁片是否齐全
	检查质量：认真检查每个裁片的用料方向、正反形状是否正确
	核对裁片：复核定位、对位标记，检查对应部位是否符合要求
做标记	在前中线褶裥部位，根据烫折线画出褶裥的位置；后中标出拉链止点的位置
粘衬	在裙后中拉链部位粘非织造布黏合衬，宽2cm，向下超过拉链止点2cm左右；腰口贴边全粘非织造布黏合衬
锁边	需要提前锁边（三线包缝）的部位包括育克部分的侧缝、裙片除上口外的三条边、腰口贴边的侧缝及下口

5. 缝制工艺流程

流程 图示	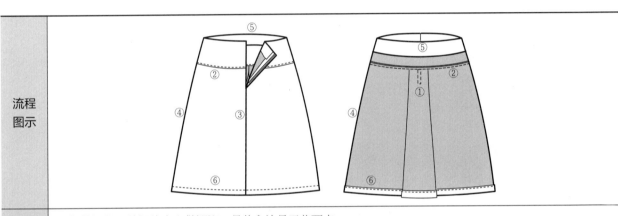
流程 说明	① 做褶裥：前裙片中心做褶裥，具体方法见工艺要点
	② 拼接育克：将前后育克分别与裙片拼接，双层缝份一起包缝，然后向育克一侧烫倒。缝制时注意上下片的中点对齐，根据款式要求，育克止口正面缉线0.5cm固定
	③ 做后中：先缝合两片后中线的下段，然后上段装隐形拉链，具体方法见基础篇"裙装门襟工艺——隐形拉链"，注意需要专用压脚
	④ 合侧缝：沿净线缝合裙左右侧缝，劈缝烫平。要求缉线顺直，左右长短一致，前后育克平齐
	⑤ 绱腰口贴边：腰口绱贴边，具体方法见基础篇"贴边式腰头工艺"。根据款式要求，腰口正面缉明线，注意止口不能反吐 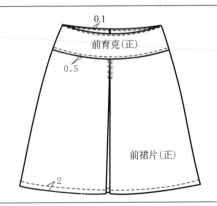
	⑥ 做底边：扣烫裙下摆的贴边，距离折边2cm缉线固定
	⑦ 整烫：在裙子反面，将各条缝份、裙褶裥、裙腰口，以及裙底边摆平熨烫。翻到正面，观看整体效果，要求裙子平服、美观。盖水布，喷水熨烫。腰臀部需放在布馒头上熨烫，保证圆顺、窝服

6. 工艺要点——做褶裥

缝合褶裥	前裙片沿中线对折（正面相对），沿褶裥记号线缝合，起落针重合回针	
熨烫褶裥	前后裙片反面朝上，沿净线扣烫裙摆；裙片翻至正面朝上，根据折叠线位置记号熨烫出前中褶裥	
固定褶裥	在裙片反面，沿褶裥折叠线车缝0.1cm明线至裙摆底边，便于褶裥定型；然后在裙片上口处缝份内缉线，横向固定褶裥；最后将裙片翻到正面，整理褶裥并车缝固定褶裥上部	

7. 成品工艺要求

项目	工艺要求
规格	允许误差：$W = \pm 1.0$cm，$L = \pm 1.5$cm
褶裥	裥位准确，褶边顺直
侧缝	缉线顺直，左右长短一致
育克	位置准确，宽窄一致
隐形拉链	拉链封合牢固，开启顺畅，无褶皱，左右育克平齐
下摆	贴边宽窄一致，止口均匀，不拧不皱
整烫效果	无线头，无皱、无污、无黄、无光、平服

三、连衣裙工艺

1. 款式说明与材料准备

款式说明	本款连衣裙外轮廓呈X型，衣身合体，圆领口，无袖，前袖窿处收胸省，前后衣身左右各收一个腰省。腰节线处横向分割，后中纵向分割，后上半部分装隐形拉链，裙子下摆有波浪	
材料准备	面料	面料选择：面料材质适合选择棉、麻、薄型毛料或化纤类织物等，也可选择带有蕾丝、有飘逸感的雪纺类面料
		面料用量：幅宽144cm，用量约为3×下裙长，约为165cm。幅宽不同时，也要根据实际情况酌情加减面料用量
	辅料	（1）腰带：与款式搭配的装饰腰带一条
		（2）拉链：需要大约60cm长度的隐形拉链一条，要求与面料顺色接近
		（3）非织造布衬：幅宽90cm，用量大约为20cm
		（4）缝线：准备与使用布料颜色及材质相符的缝线
		（5）打板纸：整张绘图纸2张

2. 结构制图及纸样

制图规格 （cm）	号/型	胸围（B）	腰围（W）	裙长（L）
	160/84A	84+8	68+6	38+55

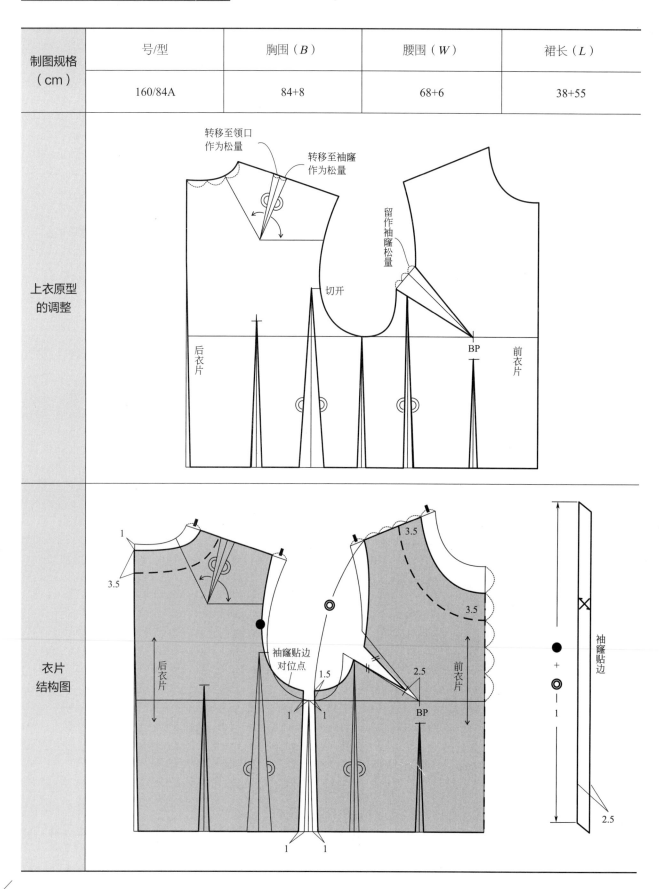

上衣原型的调整

转移至领口作为松量

转移至袖窿作为松量

留作袖窿松量

切开

后衣片

BP

前衣片

衣片结构图

后衣片

袖窿贴边对位点

前衣片

袖窿贴边

BP

裙片 结构图	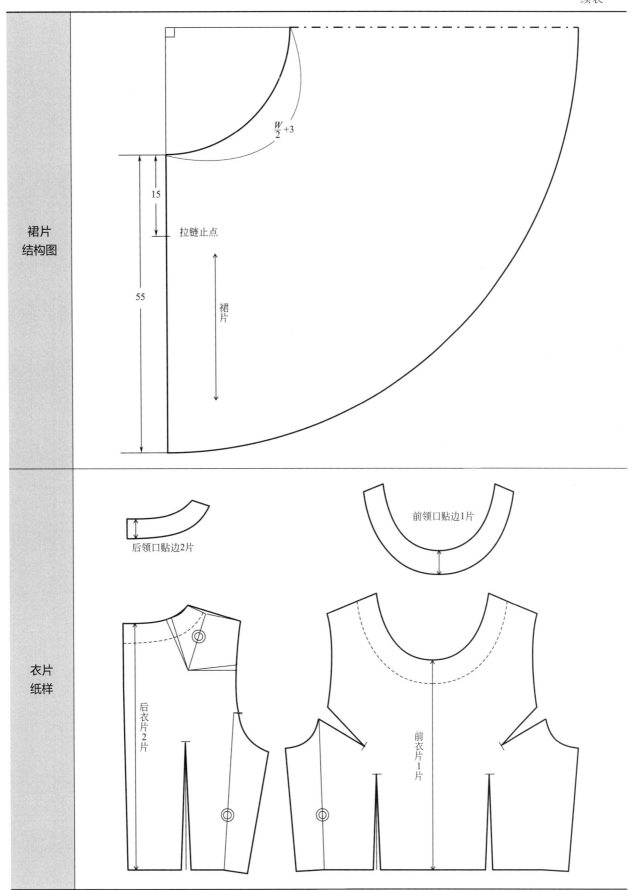
衣片 纸样	

$\dfrac{W}{2}+3$

15

拉链止点

55

裙片

后领口贴边2片

前领口贴边1片

后衣片2片

前衣片1片

3. 放缝与排料 ✂

图中未标明部位的放缝量均为1cm。面料样板编号代码为C。

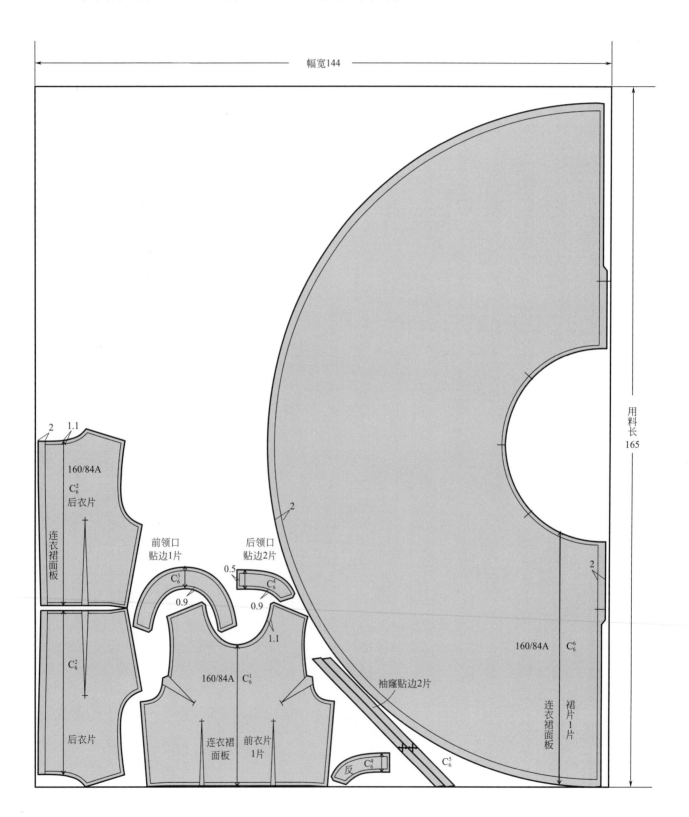

4. 缝制准备

检查裁片	检查数量：对照排料图，清点裁片是否齐全
	检查质量：认真检查每个裁片的用料方向、正反形状是否正确
	核对裁片：复核定位、对位标记，检查对应部位是否符合要求
粘衬	领口贴边粘全衬（非织造布黏合衬），拉链开口部位也可以粘衬 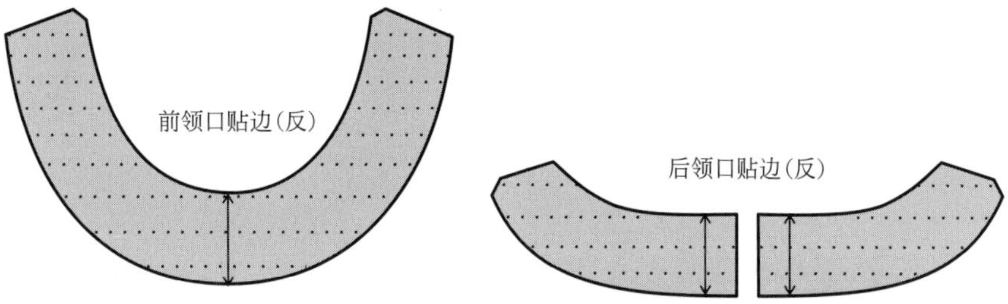

前领口贴边（反）　后领口贴边（反）

衣片的肩缝、侧缝、后中缝处锁边，裙片除腰口外的部位锁边，领口贴边的外口锁边

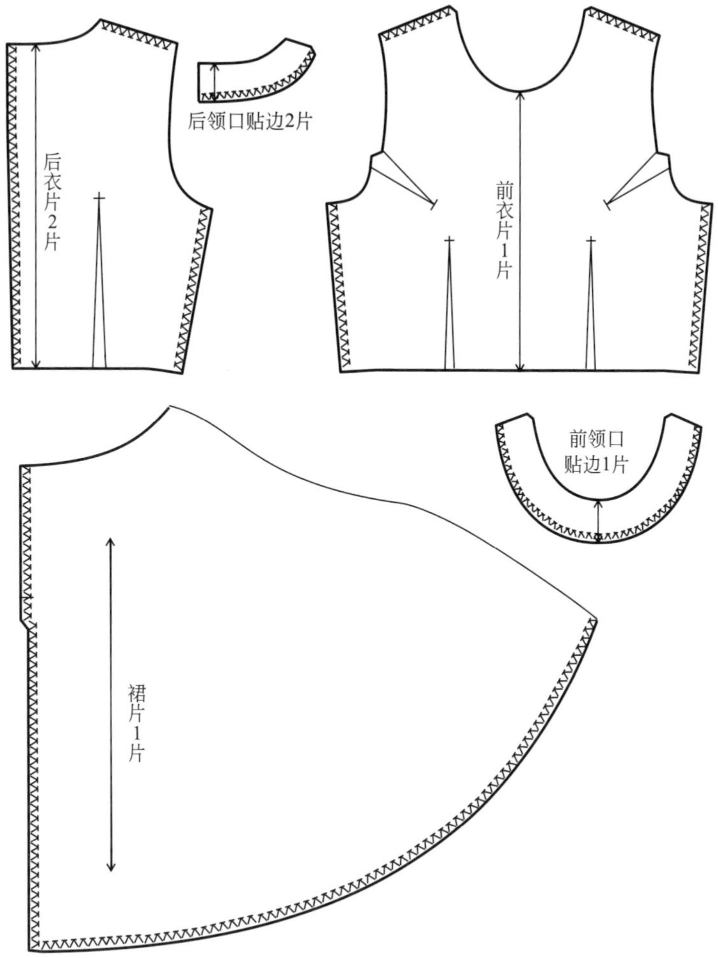

后领口贴边2片　后衣片2片　前衣片1片　前领口贴边1片　裙片1片

锁边

5. 缝制工艺流程

**流程
图示**

**流程
说明**

① 衣片收省：缝合前后衣片上的各省，熨烫省缝，具体方法见基础篇"三角省工艺"

② 缝合侧缝：分别缝合前、后衣片的左右侧缝，分烫缝份

③ 接缝腰口：缝合衣片与裙片的腰口线，注意比对记号，不能拉大裙片的腰口；缝份倒向衣片，共同锁边

④ 做后中缝：先缝合拉链止点以下的后中缝，分烫缝份，然后绱隐形拉链，具体方法参考基础篇"裙装门襟工艺——隐形拉链"部分。注意需要专用压脚

⑤ 做领口：采用暗缝另装贴边工艺，具体方法见工艺要点（1）

⑥ 做袖窿：采用斜纱窄贴边工艺，具体方法见工艺要点（2）

⑦ 做下摆：折边缝下摆，具体方法见工艺要点（3）

⑧ 整烫：领口、肩部、胸部、背部放在布馒头上烫平整；侧缝及后线处摆平烫平

6. 工艺要点 ✂

（1）做领口

钩缝后中	先分别缝合衣片、贴边的右侧肩缝，再将后领口贴边与后衣片正面相对叠好，缝合后中线处 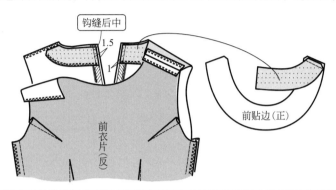
钩缝领口	领口贴边与衣片正面相对缝合，缝份0.9cm；在左肩处掀开贴边，前后片正面相对缝合肩缝，分烫缝份。注意在领口曲度比较大的区域，缝份需要打剪口，剪口深度不超过缝份宽度的2/3，剪口间距不小于1cm 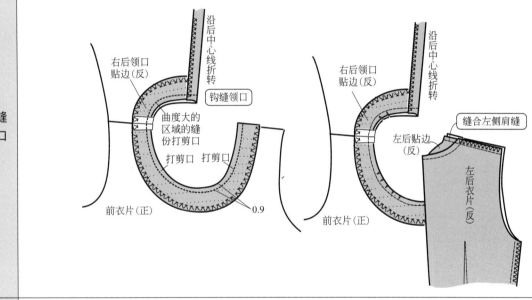
固定止口缝份	翻正并铺平贴边，沿贴边领口线缉线，将两层缝份与贴边固定 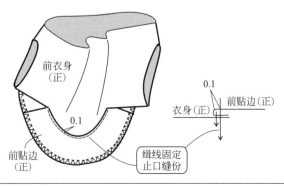
固定贴边	在肩缝处，将贴边外口与肩线的缝份进行局部固定，注意保持肩部平服

（2）做袖窿

将贴边的一侧扣烫0.6cm，然后接缝两端成圈。贴边用料为斜纱向，接口区域进行局部少量拔烫，烫出袖窿底的弧形。注意不能过于拔长

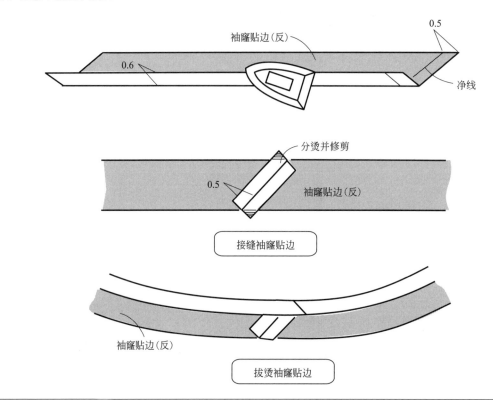

袖窿贴边（反）　　0.5

0.6　　净线

分烫并修剪

0.5　　袖窿贴边（反）

接缝袖窿贴边

袖窿贴边（反）

拔烫袖窿贴边

贴边接口对准后袖窿上的对位点，与袖窿正面相对钩缝；修剪缝份至0.5cm，贴边翻至衣身反面，沿扣烫的折边缉线固定贴边，袖窿正面可以看到该线迹

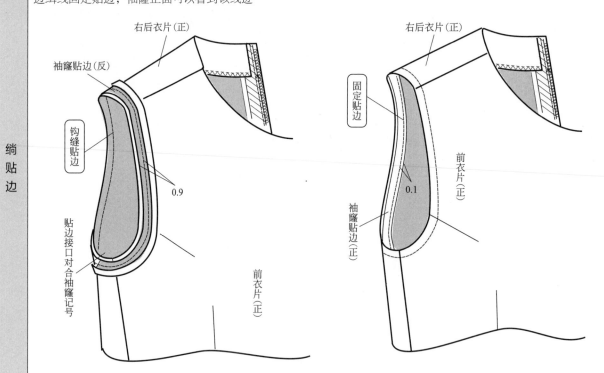

右后衣片（正）

袖窿贴边（反）

钩缝贴边

0.9

贴边接口对合袖窿记号

前衣片（正）

右后衣片（正）

固定贴边

0.1

前衣片（正）

袖窿贴边（正）

前衣片（正）

（3）做下摆

烫下摆	可以先大针脚缩缝以便进行缩扣烫，注意熨斗不能沿下摆推移，以免下摆折边变形 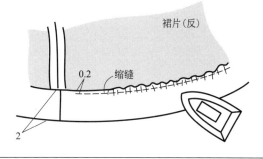
缝下摆	绱线固定贴边的上口，熟练的话可以从正面绱线，线迹会更美观，也方便吃缝贴边上口。注意保持贴边平服 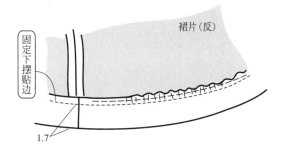

7. 成品工艺要求

项目		工艺要求
规格	衣长	允许误差：±2cm
	胸围	允许误差：±2cm
	腰围	允许误差：±2cm
领口		领口圆顺，止口平薄、不反翘，贴边平服，不反吐
省		分别对称，省份顺直，省尖无泡
袖窿		止口顺直、平薄，贴边平服、不反吐
拉链		位置准确，缝份拼合，封口牢固，开启顺畅
合缝		绱线顺直，胸部吃量适当，圆顺无皱
下摆		贴边宽窄一致，止口均匀，不拧不皱
整烫效果		平整美观，无线头、无污、无黄斑、无极光、无水渍

四、女衬衫工艺

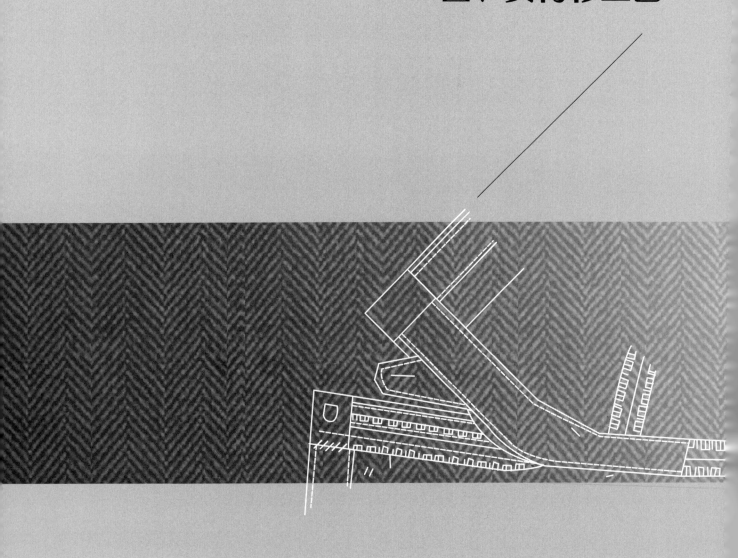

1. 款式说明与材料准备

款式说明		本款女衬衫为合体造型，圆角翻领，前中门襟6粒扣，腋下收胸省，后肩收肩省，前后身左右各收一个腰省，圆下摆。泡泡袖，长至手腕，袖口收细褶，条形袖衩，较窄的方角袖克夫	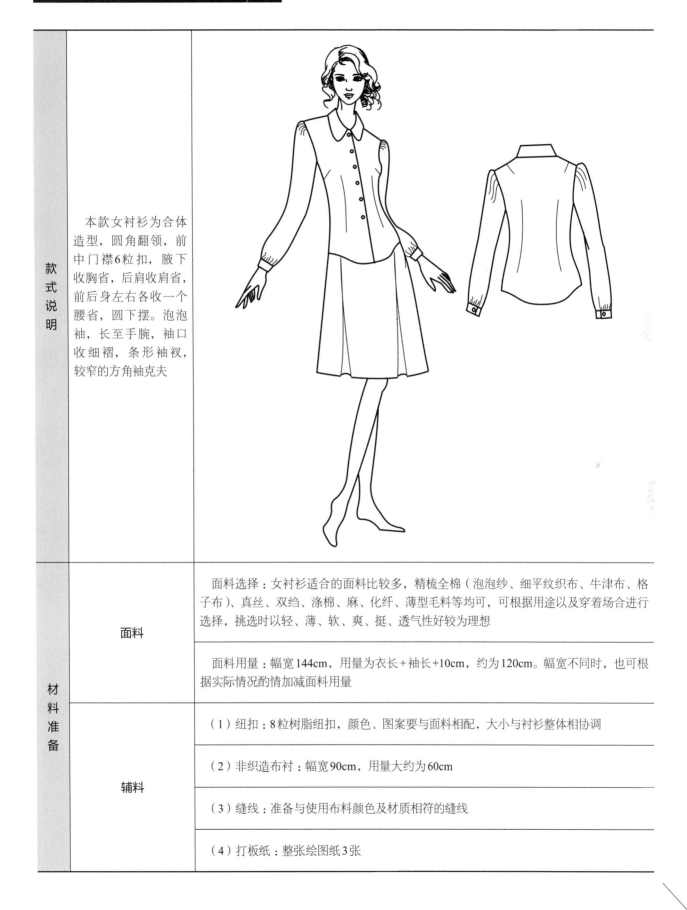
材料准备	面料	面料选择：女衬衫适合的面料比较多，精梳全棉（泡泡纱、细平纹织布、牛津布、格子布）、真丝、双绉、涤棉、麻、化纤、薄型毛料等均可，可根据用途以及穿着场合进行选择，挑选时以轻、薄、软、爽、挺、透气性好较为理想
		面料用量：幅宽144cm，用量为衣长＋袖长＋10cm，约为120cm。幅宽不同时，也可根据实际情况酌情加减面料用量
	辅料	（1）纽扣：8粒树脂纽扣，颜色、图案要与面料相配，大小与衬衫整体相协调
		（2）非织造布衬：幅宽90cm，用量大约为60cm
		（3）缝线：准备与使用布料颜色及材质相符的缝线
		（4）打板纸：整张绘图纸3张

2. 结构制图

制图规格（cm）	号/型	胸围（B）	后衣长（L）	袖长（SL）	袖口大	袖克夫宽
	160/84A	84+12（放松量）（B*为净胸围）	58	52	24	3

上衣原型及其调整

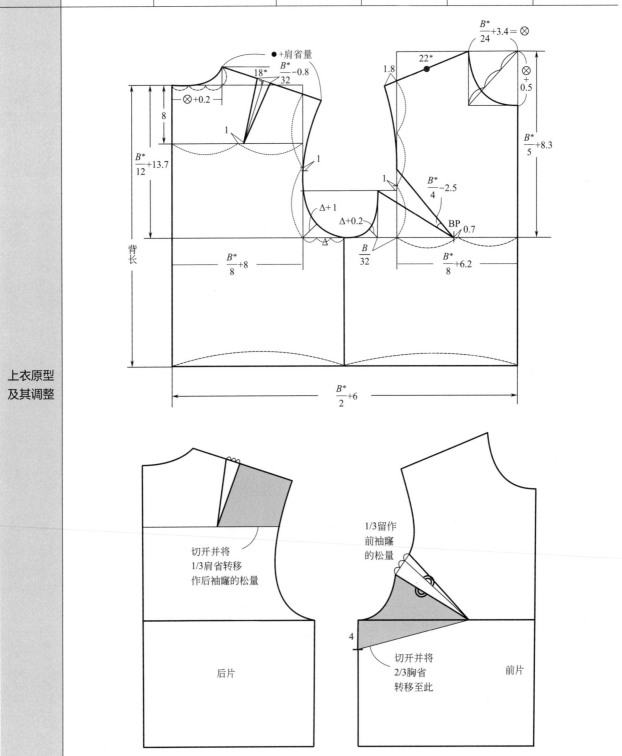

续表

衣片制图

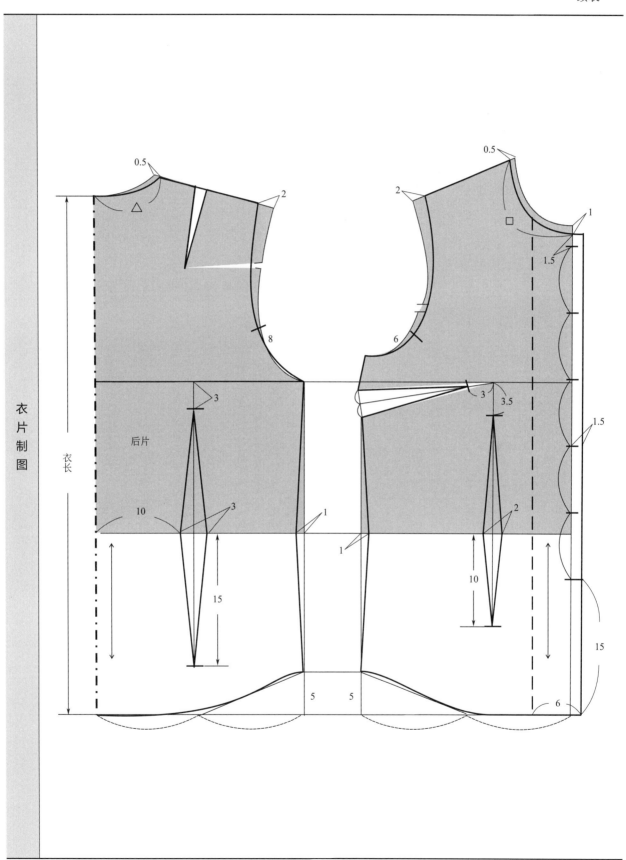

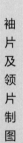

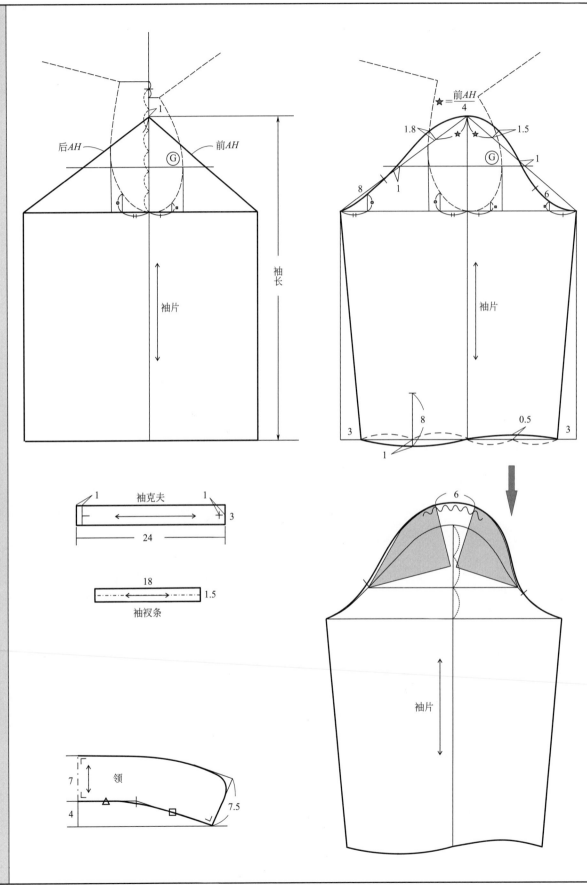

3. 放缝与排料

图中未标明的部位放缝量均为1cm。面料样板编号代码为C。

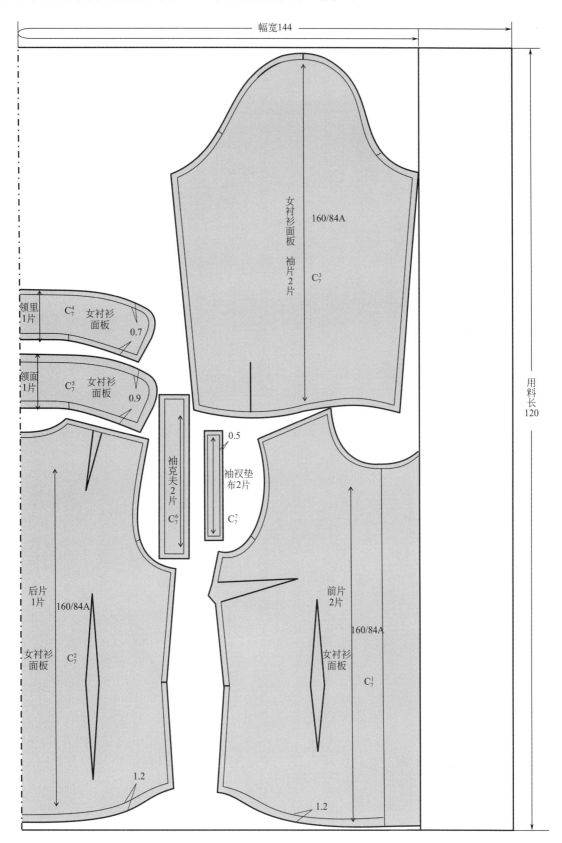

4. 缝制准备

检查裁片	检查数量：对照排料图，清点裁片是否齐全
	检查质量：认真检查每个裁片的用料方向、正反形状是否正确
	核对裁片：复核定位、对位标记，检查对应部位是否符合要求
做标记	按照样板在前后片有省道的部位标出省位，袖子上标出袖衩的位置；在前中止口线处作剪口标记
粘衬	

粘衬图中标注：领面（反）、前片（反）、前中心线、0.7、袖克夫（反）

5. 缝制工艺流程

流程图示

流程说明	① 做门（里）襟：将门、里襟贴边扣烫1cm，距离折边线0.1cm车缝固定。从上向下沿止口线扣烫门、里襟，建议借助扣烫样板	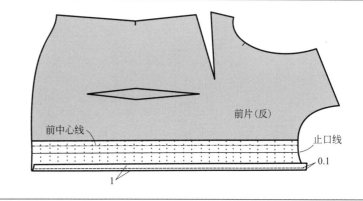
	② 衣片收省：缝合前后衣片上的各省，并熨烫省缝，纵向的省缝分别向前中、后中烫倒，腋下省向上烫倒	
	③ 合肩缝：前后肩缝正面相对缝合，起落针回针；肩缝缝份双层锁边，向前片烫倒	
	④ 做领：翻领制作工艺，领条式绱领法，具体方法见基础篇"翻领工艺"	
	⑤ 做袖衩：直条形袖衩，具体制作方法见基础篇"滚条式开衩"部分	
	⑥ 绱袖：泡泡袖绱袖工艺，具体方法见工艺要点（1）	
	⑦ 缝合侧缝：前、后衣片正面相对，侧缝和袖底缝连贯缝合。由下摆起针，袖底十字缝对齐，松紧一致，绱至袖口，缝份1cm；将缝份双层锁边，向后片烫倒	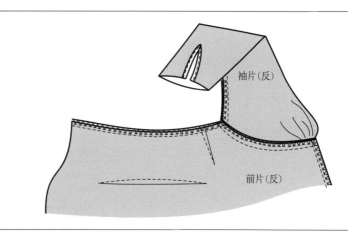
	⑧ 做袖口：袖口缩褶后绱袖头，具体方法见工艺要点（2）	
	⑨ 卷底边：扣烫下摆，先扣烫0.5cm，再折进0.7cm扣烫；沿贴边上止口缉明线0.1cm	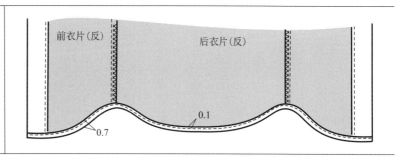
	⑩ 锁眼钉扣：在门襟上锁平头扣眼6个，左右袖克夫各锁1个；钉扣和扣眼位对齐，"四上四下"缝钉	
	⑪ 整烫：均匀加汽，全面烫平，清洗干净。领子烫挺，领角有窝势；袖底缝与侧缝应放在拱形烫木或袖枕上烫平	

6. 工艺要点

（1）绱袖

袖山抽褶	采用大针距，沿袖山弧线车缝抽细褶，褶量主要集中在袖山头部分。要求褶量分配恰当，袖山饱满	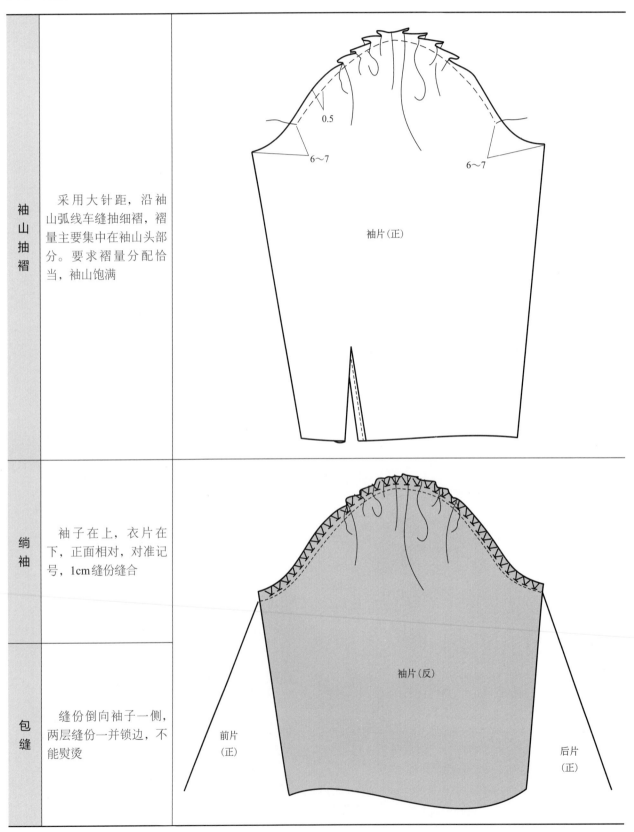
绱袖	袖子在上，衣片在下，正面相对，对准记号，1cm缝份缝合	
包缝	缝份倒向袖子一侧，两层缝份一并锁边，不能熨烫	

（2）做袖口

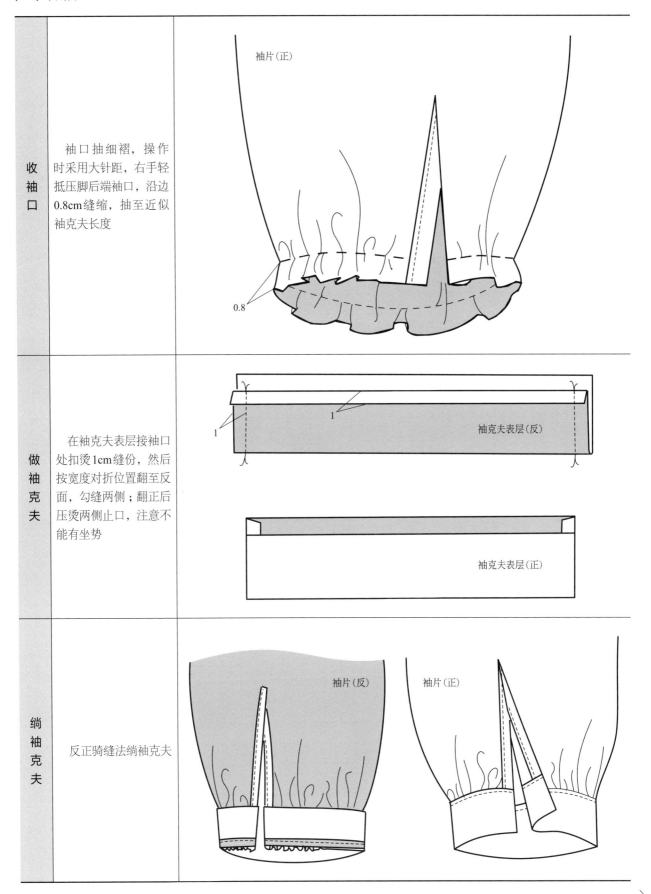

收袖口	袖口抽细褶，操作时采用大针距，右手轻抵压脚后端袖口，沿边0.8cm缝缩，抽至近似袖克夫长度
做袖克夫	在袖克夫表层接袖口处扣烫1cm缝份，然后按宽度对折位置翻至反面，勾缝两侧；翻正后压烫两侧止口，注意不能有坐势
绱袖克夫	反正骑缝法绱袖克夫

7. 成品工艺要求

项目	工艺要求
规格	允许误差：$B = \pm 1cm$；$L = \pm 1cm$；$SL = \pm 0.5cm$；$N = \pm 0.4cm$；$S = \pm 0.4cm$
领	领头、领角对称，自然窝服顺直
	绱领位置准确，方法正确
	领面平服
袖	绱袖圆顺，吃势均匀，对位准确，无死褶
	袖细褶均匀，袖克夫符合规格、左右对称
	袖衩平服，无毛露，缉线顺直
侧缝	袖底十字缝对齐，线迹顺直，无死褶
下摆	底摆圆顺，不拧绞，起落针回针，贴边宽度一致，止口均匀，线迹松紧适宜
门襟	长短一致，止口顺直，不拧不皱，贴边宽度均匀
	锁眼、钉扣位置准确
省	省大、省位、省向、省长左右对称
	省尖无泡、无坑，曲面圆润
锁眼钉扣	扣眼位置正确，大小合适，针迹均匀；钉扣牢固、位置正确
整烫效果	线头修净，衣身平整，无污、无黄、无光

五、男衬衫工艺

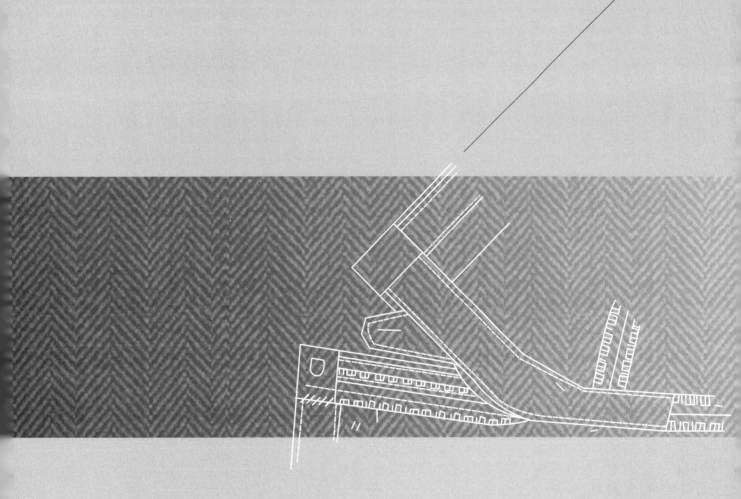

1.款式说明与材料准备

款式说明	本款为典型的男式长袖衬衫，立翻领，6粒纽扣，左胸尖角贴袋，宽松式直腰身，双层过肩，背后两个褶裥，平下摆，袖窿缉明线，袖口收两个褶，剑式袖衩，圆角袖克夫	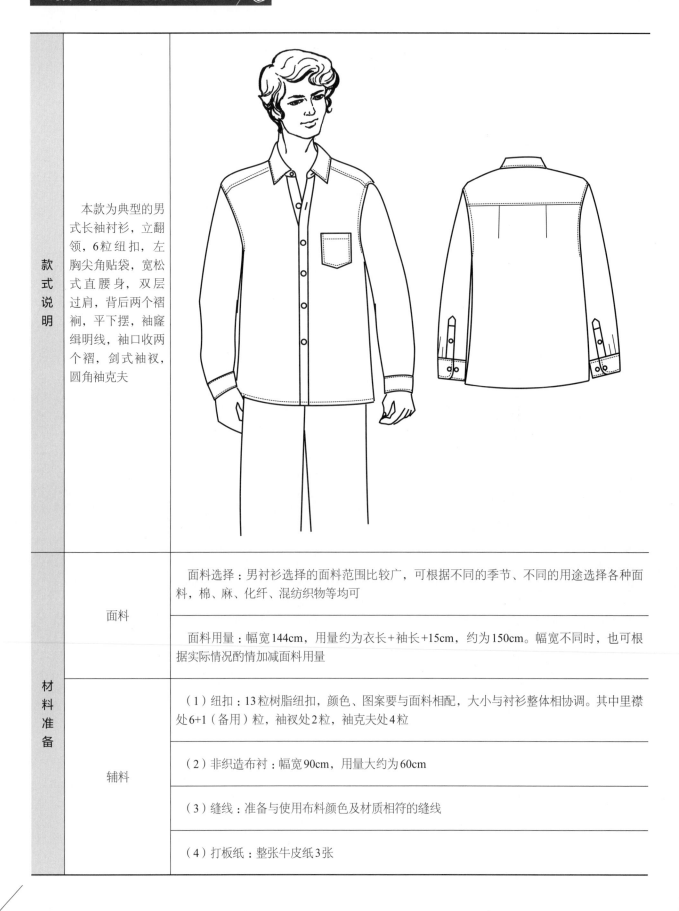
材料准备	面料	面料选择：男衬衫选择的面料范围比较广，可根据不同的季节、不同的用途选择各种面料，棉、麻、化纤、混纺织物等均可
		面料用量：幅宽144cm，用量约为衣长+袖长+15cm，约为150cm。幅宽不同时，也可根据实际情况酌情加减面料用量
	辅料	（1）纽扣：13粒树脂纽扣，颜色、图案要与面料相配，大小与衬衫整体相协调。其中里襟处6+1（备用）粒，袖衩处2粒，袖克夫处4粒
		（2）非织造布衬：幅宽90cm，用量大约为60cm
		（3）缝线：准备与使用布料颜色及材质相符的缝线
		（4）打板纸：整张牛皮纸3张

2. 结构制图 ✂

制图规格（cm）	号/型	胸围（B）	后衣长（L）	袖长（SL）	袖口大	袖克夫宽
	175/92A	92+20（放松量）（B*为净胸围）	74	60	24	6

男装原型

续表

男衬衫原型

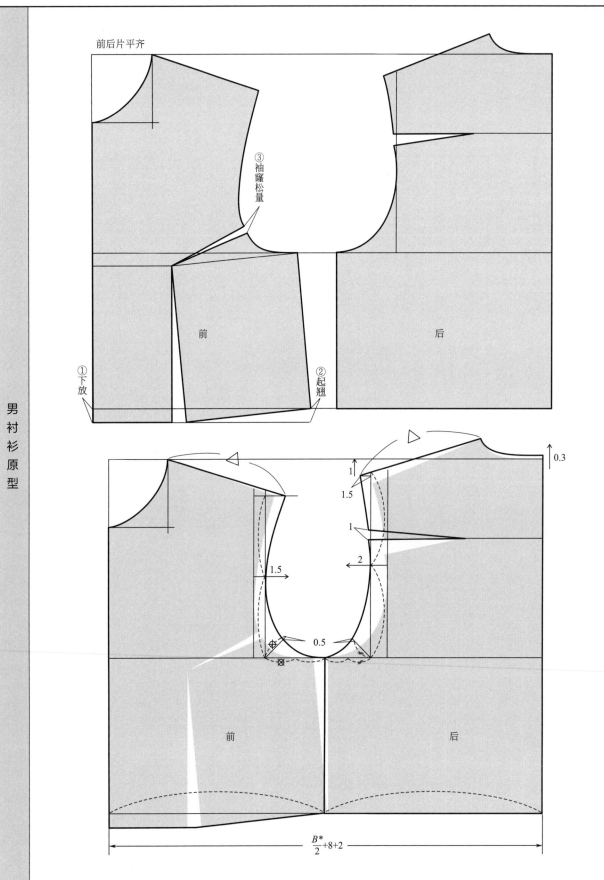

前后片平齐

③袖窿松量

① 下放

② 起翘

前　　　　　　　　　后

0.3

1

1.5

1

2

1.5

0.5

前　　　　　　　　　后

$$\frac{B^*}{2}+8+2$$

续表

衣片制图

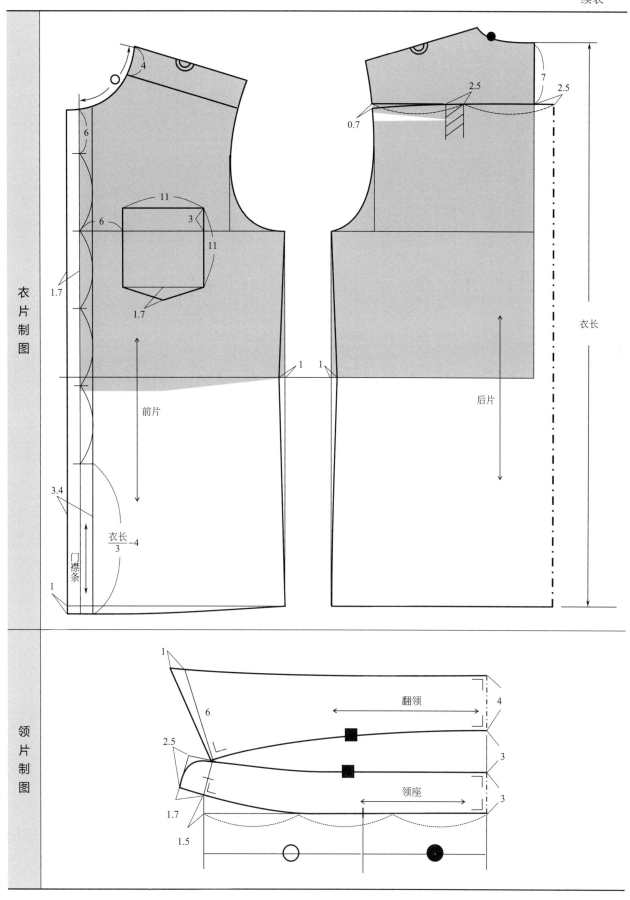

领片制图

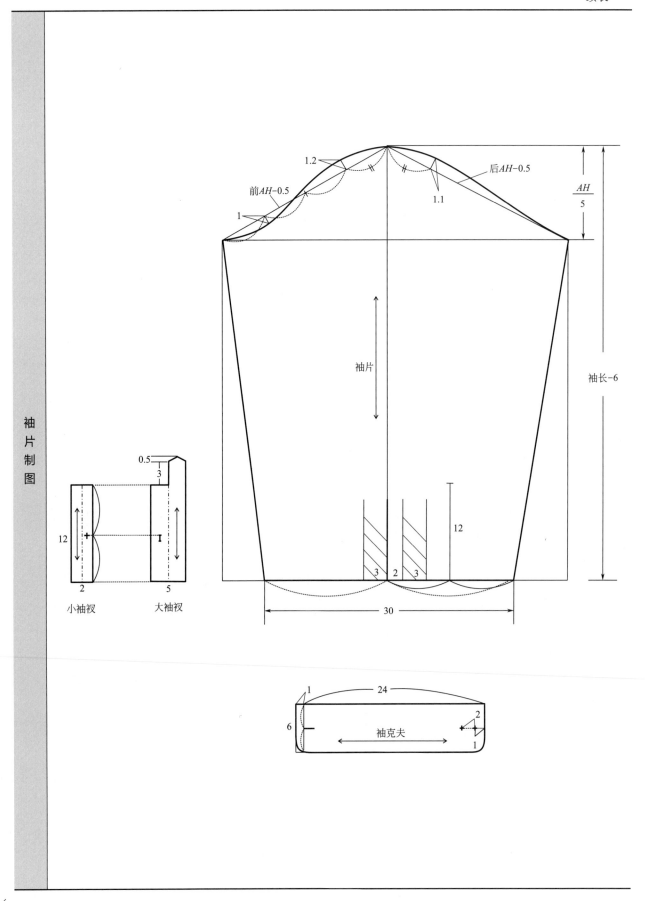

袖片制图

前AH-0.5

后AH-0.5

1.2

1.1

1

$\dfrac{AH}{5}$

袖片

袖长-6

0.5

3

12

3　2　3

12

30

小袖衩　　大袖衩

2　　　　5

1

24

6

2

袖克夫

1

3. 放缝与排料

图中未标明的部位放缝量均为1cm。面料样板编号代码为C。

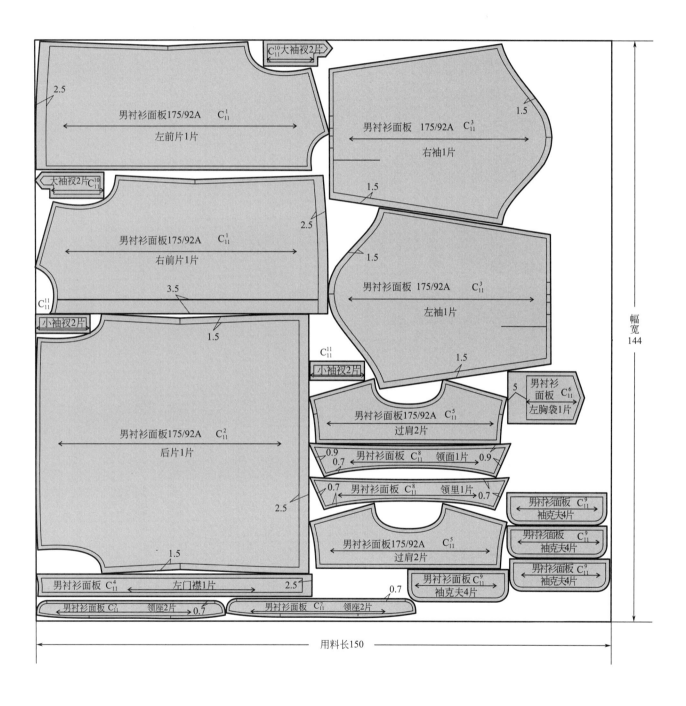

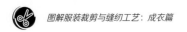
4. 缝制准备

检查裁片	检查数量：对照排料图，清点裁片是否齐全
	检查质量：认真检查每个裁片的用料方向、正反形状是否正确
	核对裁片：复核定位、对位标记，检查对应部位是否符合要求
做标记	按照样板在前中止口线、后片褶裥、袖衩、袖裥处做剪口标记。在前片标出袋位，作为钉袋记号；门里襟上标出扣与眼的位置
粘衬	

领角衬　　　　　　　　　　　翻领衬

领面（反）

领座衬

领座面（反）

袖头（反）

5. 缝制工艺流程

流程图示	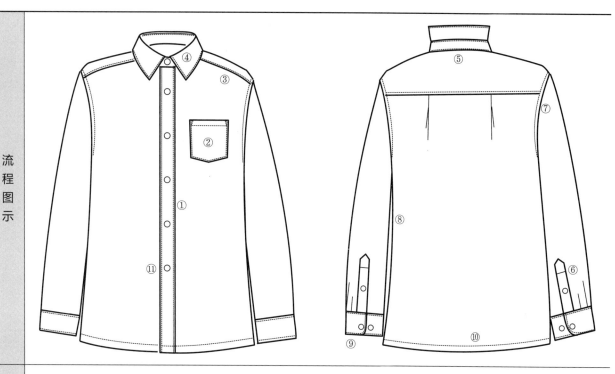
流程说明	① 做门（里）襟：明门襟工艺，里襟为明缝的暗贴边工艺，具体方法见工艺要点（1） ② 烫钉胸袋：胸袋为尖角平贴袋，具体制作方法见基础篇口袋工艺"平贴袋" ③ 装过肩：固定背裥后，将过肩与前后片相连接，具体方法见工艺要点（2） ④ 做领：立翻领制作工艺，具体方法见基础篇"立翻领工艺" ⑤ 绱领：骑缝绱领，先里后面 ⑥ 做袖衩：宝剑头袖衩，具体制作方法见基础篇"宝剑头袖衩"部分 ⑦ 绱袖：采用内包缝绱袖，具体方法见工艺要点（3） ⑧ 缝合侧缝：侧缝与袖底缝连贯缝合，采用内包缝，与绱袖的方法相同。要求缉线顺直，宽窄一致，袖底缝十字缝对齐 ⑨ 绱袖克夫：袖克夫的制作方法及绱法参考女衬衫的缝制工艺 ⑩ 卷底边：先校准门（里）襟长度，然后卷边缝，下摆贴边折净后宽为1.5cm，反面缉贴边上止口0.1cm，起落针回针 ⑪ 锁眼钉扣：底领锁一个横眼，门襟锁五个竖眼，袖克夫左右各两个横眼，袖衩左右各一个竖眼。要求锁眼大小一致，线迹成"一"字形，无毛边 ⑫ 整烫：检查成衣，清剪线头和污渍；领子烫挺，前领口留窝势；袖子烫平，收裥处按褶裥烫平；衬衫放平，熨烫后衣身；熨烫门（里）襟

6. 工艺要点

（1）做门（里）襟

制作门襟	扣烫门襟条外侧缝份，然后将门襟（正）与左衣片（反）相叠，勾缝止口；翻正门襟条，压烫止口；最后缉缝门襟两侧止口 要求门襟平服，两侧缉线宽度一致，线迹平行	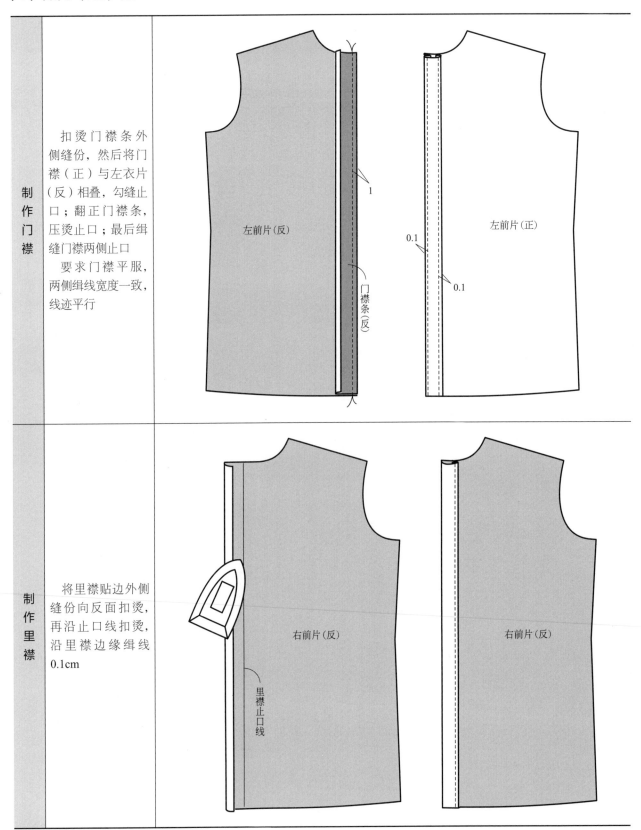
制作里襟	将里襟贴边外侧缝份向反面扣烫，再沿止口线扣烫，沿里襟边缘缉线0.1cm	

（2）装过肩

烫过肩面	将过肩面前肩缝份扣烫1cm	
固定背裥	根据剪口标记折叠背裥（裥量2.5cm），并车缝固定，缝份0.8cm	
接后片	将表层过肩的前肩缝份扣烫1cm；后衣片夹在两层过肩之间，中间剪口对齐缝合；翻正过肩，压缉止口0.1cm（或0.1cm、0.6cm缉双线），注意反面不能留坐势	
合前片	前片在下，过肩里的正面和前片反面相对，缝合肩缝1cm，缝份倒向过肩；过肩面拉平刚好盖住过肩里缝份，缉线0.1cm。要求线迹整齐，领口平齐，过肩面里平服	

（3）绱袖

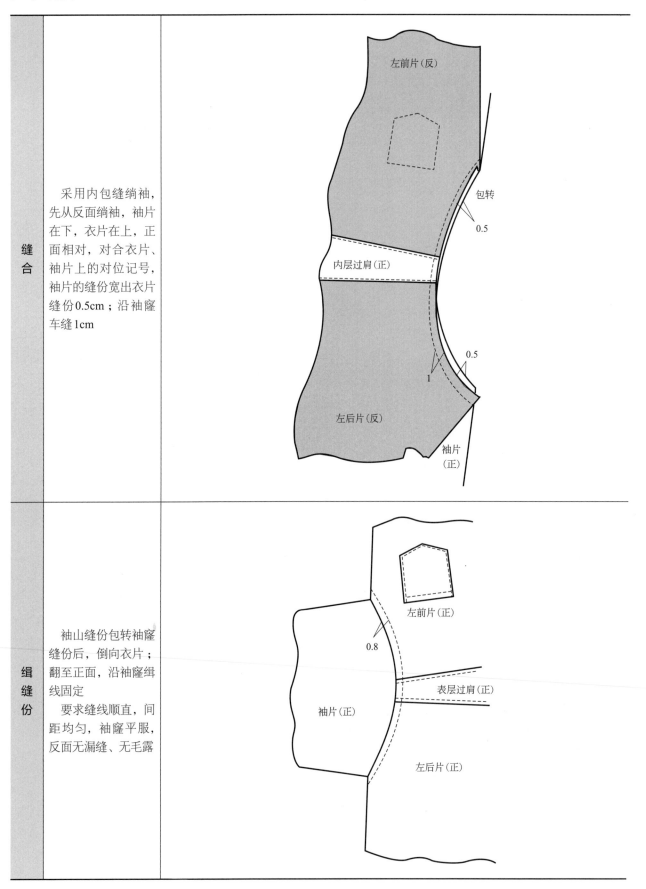

缝 合	采用内包缝绱袖，先从反面绱袖，袖片在下，衣片在上，正面相对，对合衣片、袖片上的对位记号，袖片的缝份宽出衣片缝份0.5cm；沿袖窿车缝1cm	
缉 缝 份	袖山缝份包转袖窿缝份后，倒向衣片；翻至正面，沿袖窿缉线固定 要求缝线顺直，间距均匀，袖窿平服，反面无漏缝、无毛露	

7. 成品工艺要求

项目	工艺要求
规格	允许误差：$B=\pm1.5cm$；$L=\pm1cm$；$SL=\pm0.5cm$
	允许误差：$N=\pm0.4cm$；$S=\pm0.4cm$
领	领头左右对称、顺直
	翻领明线宽窄一致，不拧、不皱、无泡，线迹整齐
	底领明线宽度一致，绱领时门、里襟止口顺直
	领的制作方法正确
袖	绱袖圆顺，无死褶
	袖克夫左右对称，圆角圆顺，明线顺直（0.1cm）
	袖衩平服、无皱、无毛露
	绱袖、袖衩、绱袖克夫工艺制作方法正确
门（里）襟	顺直、平服、长短一致，锁、钉位置适当
口袋	位置正确，规格符合要求
	口袋无毛露，明线宽0.1cm，封结方法正确、对称
	整齐、平服
底摆	起落针回针，贴边宽度一致，两边平齐，中间无皱
合缝	袖底交叉位置准确
	线迹顺直、无死褶
锁眼钉扣	扣眼位置正确，大小合适，针迹均匀；钉扣牢固、位置正确
整烫效果	线头修净，衣身平整，无污渍、无黄、无光

六、女西裤工艺

1. 款式说明与材料准备

款式说明		裤装是双腿分别被包覆的下身服装。早期裤装只为男性穿用，从20世纪初女性才开始穿着。裤装的实用性很强，便于人们日常活动和生产劳动。裤子的种类也很多，可以根据款式、造型、裤长以及材料和用途的不同进行分类 　本款女西裤款式特征为装腰头，裤襻六个，裤前中门襟处装拉链，前片、后片左右各两个省，侧缝直插袋
材料准备	面料	面料选择：女西裤的面料可以选择毛料、麻料、化纤类织物等，选择范围比较广。面料的厚薄、颜色、图案等均不受限制，根据个人爱好和穿着场合自行设定
		面料用量：幅宽144cm，用量为裤长+10cm，约为110cm。幅宽不同时，也可根据实际情况酌情加减面料用量
	辅料	（1）纽扣：直径为1.7cm的顺色树脂纽扣
		（2）拉链：需要大约20cm长度的拉链一条，要求与面料顺色接近
		（3）非织造布衬：幅宽90cm，用料大约为30cm
		（4）缝线：准备与使用布料颜色及材质相匹配的缝线
		（5）打板纸：整张绘图纸2张

2. 结构制图

制图规格 （cm）	号/型	裤长（TL）	腰围（W）	臀围（H）	裤口宽
	160/68A	100	68+2（放松量）	90+10（放松量）	21

**女西裤
制图**

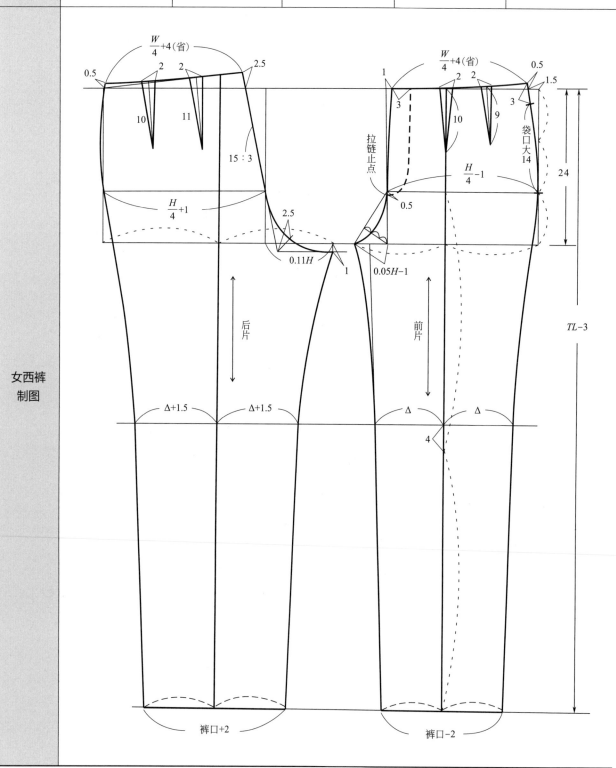

续表

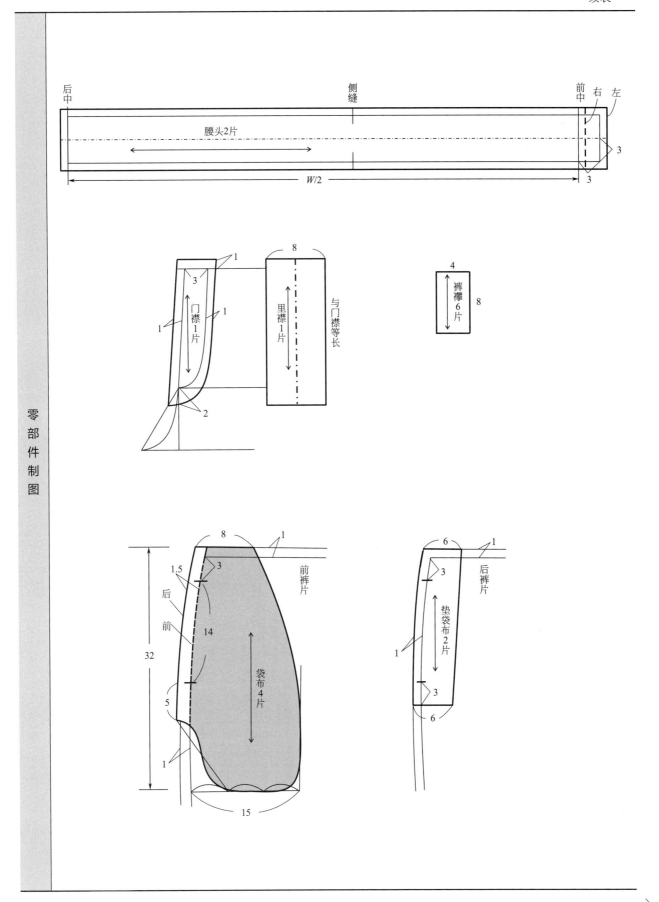

零部件制图

3. 放缝与排料

图中未标明的部位放缝量均为1cm。面料样板编号代码为C。

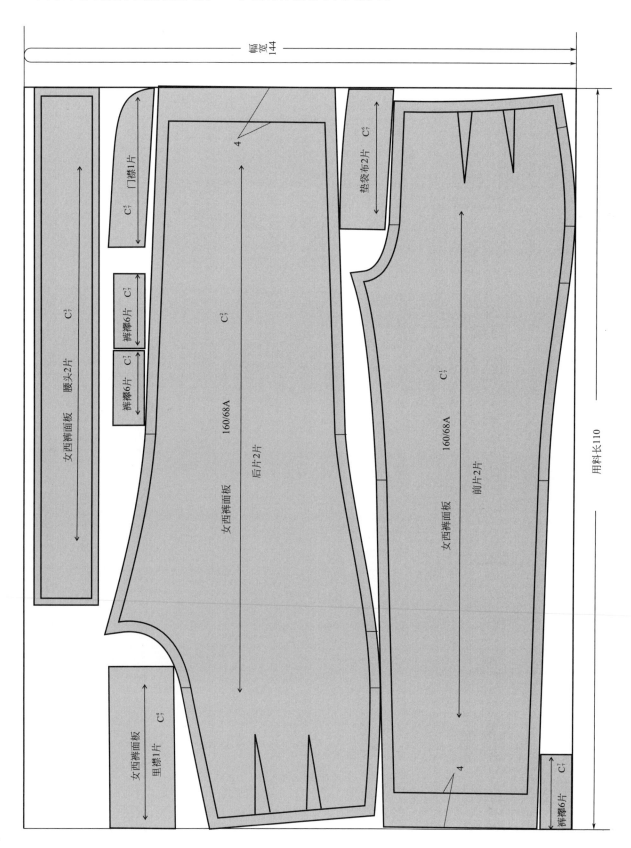

4. 缝制准备

检查裁片	检查数量：对照排料图，清点裁片是否齐全
	检查质量：认真检查每个裁片的用料方向、正反形状是否正确
	核对裁片：复核定位、对位标记，检查对应部位是否符合要求
做标记	在前片省位、烫迹线、后片省位、拉链止口、侧缝口袋位置、中裆线、裤脚折边等处作标记
粘衬	将门襟、里襟、前片袋位处需要粘衬的部位粘上非织造布衬
归拔裤片	对裤片进行归拔处理。注意熨斗温度要适中，不能损坏面料；归拔力度适中，以免过度拉伸面料
锁边	前、后片除腰口、门襟部位外，其余各边均做三线包缝。另外，零部件需要包缝的有垫袋布、门襟、里襟

5. 缝制工艺流程

流程图示	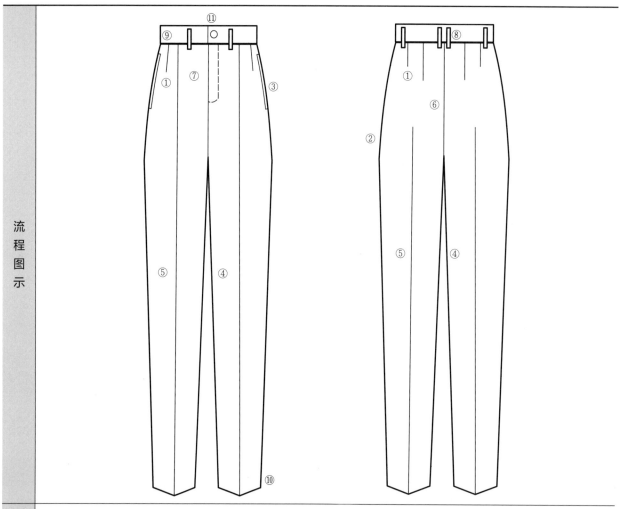
流程说明	① 收省：缝合前片、后片省道。缝合顺直成锥形，起落针回针，要求省大、省长、省位对称并熨烫平服。省缝烫倒，前片倒向前中缝，后片倒向后中缝
	② 合侧缝：前后裤片正面相对，侧缝对齐，从袋口下止点开始缝合侧缝，然后分烫缝份
	③ 做侧缝插袋：直插袋工艺，具体方法参阅基础篇"直插袋工艺"部分
	④ 合下裆缝：缝合左右下裆缝，并分烫缝份
	⑤ 烫裤中线：正面盖水布，侧缝与下裆缝对齐，从腰口到脚口，压烫裤中烫迹线
	⑥ 合裆缝：两裤筒正面相对套在一起缝合裆缝，具体方法见工艺要点（1）
	⑦ 绱拉链：具体工艺及要求参阅部件工艺"单做暗缝式门襟"部分
	⑧ 装裤襻：将做好的裤襻装在裤襻定位的地方，具体方法见工艺要点（2）
	⑨ 绱腰头：腰头粘全衬，扣烫并缝制，然后将腰头与裤片缝合，具体方法见工艺要点（2）
	⑩ 缝裤脚：按净线扣烫裤脚口贴边，并用三角针固定
	⑪ 锁眼钉扣：在门襟一侧锁圆头扣眼1个，里襟对应位置钉扣
	⑫ 整烫：将裤片进行整理，对省、下裆、侧缝等部位进行熨烫，具体方法见工艺要点（3）

6. 工艺要点

（1）合裆缝

　　两裤筒正面相对套在一起，从后裆缝腰口处一直缉缝至前裆缝开口止点处，起止针处倒回针。为了增强其牢固性，一般要重合缝两道线或采用分压缝。要求缉线顺直，无双轨现象，裆底十字缝对齐。然后利用烫凳、馒头等熨烫工具，将裆缝分开烫平。

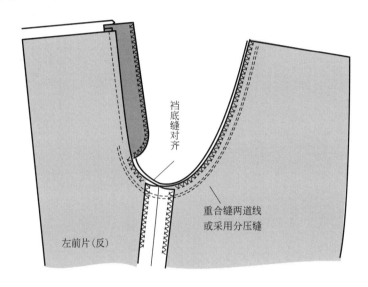

（2）装裤襻与绱腰头

做裤襻	裤襻净宽为0.8～1cm，长为8cm左右。具体制作方法见基础篇"襻带工艺"
钉裤襻	先在裤片腰口正面画出裤襻定位的记号，前裤襻位于前烫迹线，后裤襻位于后中缝（并排两个），中间裤襻在两者中间；然后裤襻反面向上，距腰口0.3cm摆正，距离腰口2.5cm缉线，重合加固2～3次 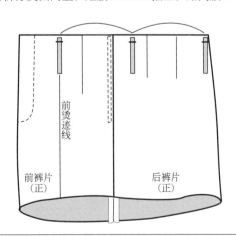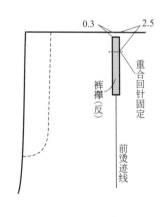
做腰头	双层直腰头，具体制作方法见基础篇"腰头工艺"

续表

	将腰头面与裤片正面相对，比齐对位记号，沿腰口缝合1cm，注意不能拉长裤片腰口；将腰头翻转，正面压缉0.1cm止口（或正面灌缝）并缉住腰里，或手针缲腰里。要求左右腰头宽窄均匀、高度一致，腰头不拧不皱，腰围符合规格，门、里襟和腰头两端平齐
绱腰头	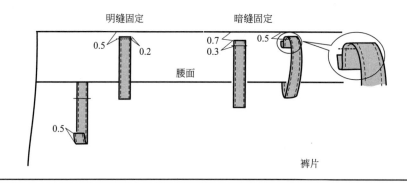
固定裤襻	将裤襻翻上，摆正定位并固定上端。常见的固定方法有两种：一种是表面缉线固定，不处理上端毛边；另一种是暗线固定，上端毛边隐藏在两条线迹之间 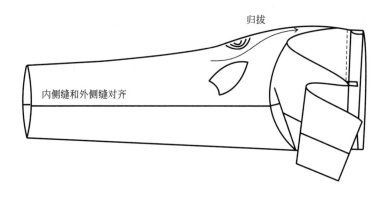

（3）整烫

- 反面所有分开缝，一律喷水烫平。
- 前后省、门（里）襟、袋口、腰头垫布馒头、盖水布，喷水烫平。
- 下裆和侧缝重叠，前后烫迹线摆平。掀开一条裤腿，盖上水布，喷水烫平服。前腰省道处垫上布馒头归烫，后臀部拔烫大裆，烫出胖势，使其更符合人体曲线。

归拔

内侧缝和外侧缝对齐

· 内侧烫平后，翻至外侧，盖水布，喷水烫平；再盖干布，烫干、烫平服。

· 裤脚口处三角针，要求针脚细、密、齐，贴边宽窄一致，不能有水迹，不可烫焦、烫黄，前后烫迹线烫平服。

7. 成品工艺要求

项目	工艺要求
规格	允许误差：$W=\pm 1cm$；$H=\pm 1cm$；立裆$=\pm 1cm$；$L=\pm 1cm$
腰头	丝缕顺直，宽度一致，内外平服，两端平齐，襻位恰当，缝合牢固（两端无毛露）
门襟	门襟止口顺直，封口牢固，不起吊，拉链平服，缉明线整齐
前片	省位对称一致，烫迹线挺直
侧袋	左右对称，袋口平服，不拧不皱，缉线整齐，上下封口位置恰当，缝合牢固，袋布平服
后片	腰省左右对称，倒向正确，压烫无痕
内外侧缝	缝线顺直，不起吊，分烫无坐势
裆缝	裆缝十字缝处平服，缝线顺直
裤脚口	贴边宽度均匀，三角针线迹松紧适宜，正面无针花，底边平服，不拧不皱
整烫效果	无污、无黄、无焦、无光、无皱，烫迹线顺直

七、男西裤工艺

1. 款式说明与材料准备

款式说明	款式说明	男西裤是男装中的重要服装类别，也是男士们最主要的下装。西裤以其干练、庄重等特点，深受男士的喜爱 本款男西裤的款式特征为装腰头，六个裤襻，前中门襟处装拉链，前裤片左右各设两个反裥，侧缝斜插袋，后裤片左右各收两个省，左右各一个双嵌线挖袋，裤脚口略收
材料准备	面料	面料选择：男西裤面料适合选择棉、麻、毛、化纤类、混纺类织物等，颜色深浅根据个人爱好选定
材料准备	面料	面料用量：幅宽144cm，用量为裤长+10cm，约为115cm。幅宽不同时，也可根据实际情况酌情加减面料用量
材料准备	里料	里料选择：与面料材质、色泽、厚度相匹配
材料准备	里料	里料用量：幅宽140cm，用量约为35cm
材料准备	辅料	（1）非织造布衬：幅宽90cm，用料约为30cm
材料准备	辅料	（2）拉链：需要约20cm长度的拉链一条，要求与面料顺色接近
材料准备	辅料	（3）裤钩：裤钩一副
材料准备	辅料	（4）纽扣：准备顺色树脂纽扣4粒，直径1.5cm，腰头1粒，里襟1粒，后袋2粒
材料准备	辅料	（5）缝线：准备与使用面料颜色及材质相匹配的缝线
材料准备	辅料	（6）袋布：顺色中厚涤棉布，幅宽140cm，长35cm
材料准备	辅料	（7）腰里：准备专用腰里，长度为腰围+3cm，约80cm
材料准备	辅料	（8）滚条：包裆缝用顺色滚条约100cm
材料准备	辅料	（9）打板纸：整张绘图纸2张

2. 结构制图

制图规格 （cm）	号/型	裤长（TL）	腰围（W）	臀围（H）	裤口宽	腰头宽
	170/76A	105	76+2（放松量）	94+12（放松量）	22	4

裤片制图

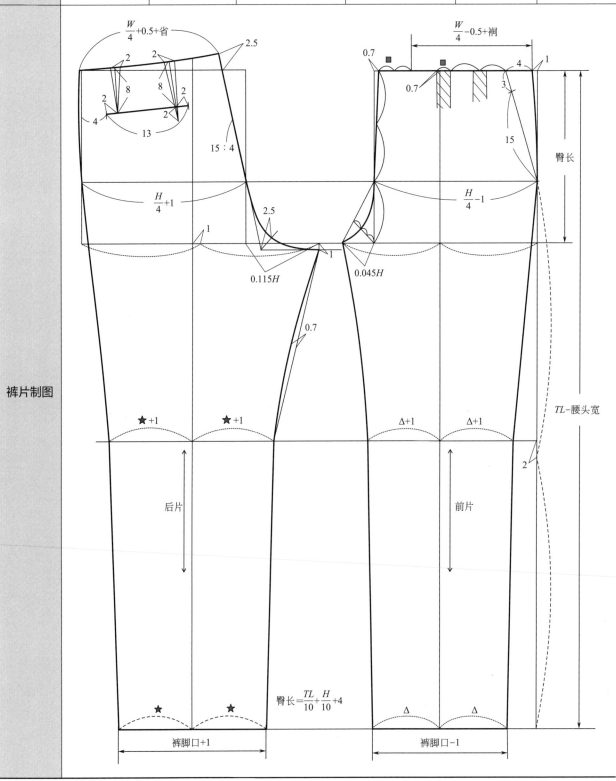

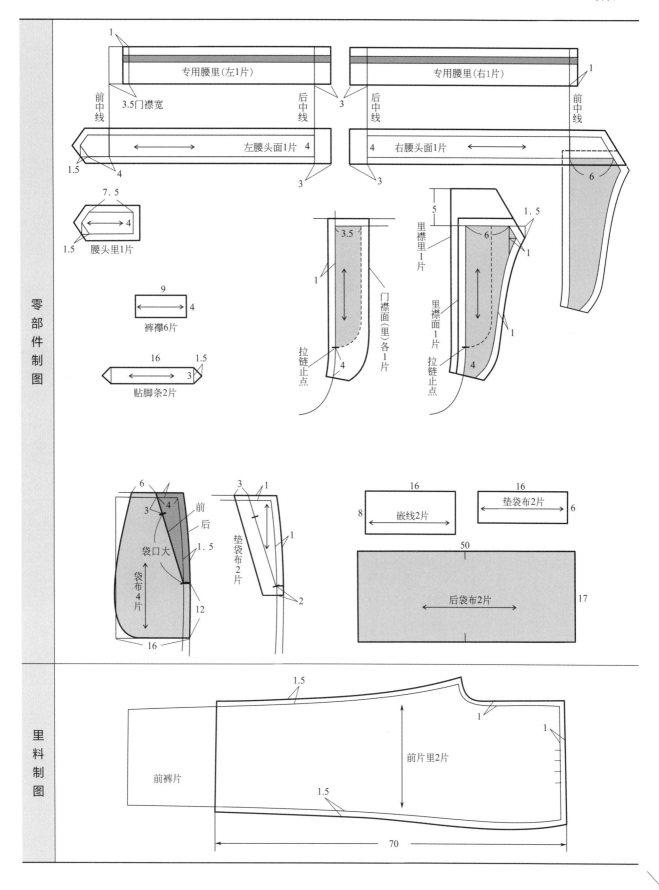

零部件制图

里料制图

3. 放缝与排料

图中未标明的部位放缝量均为1cm。面料样板编号代码为C。

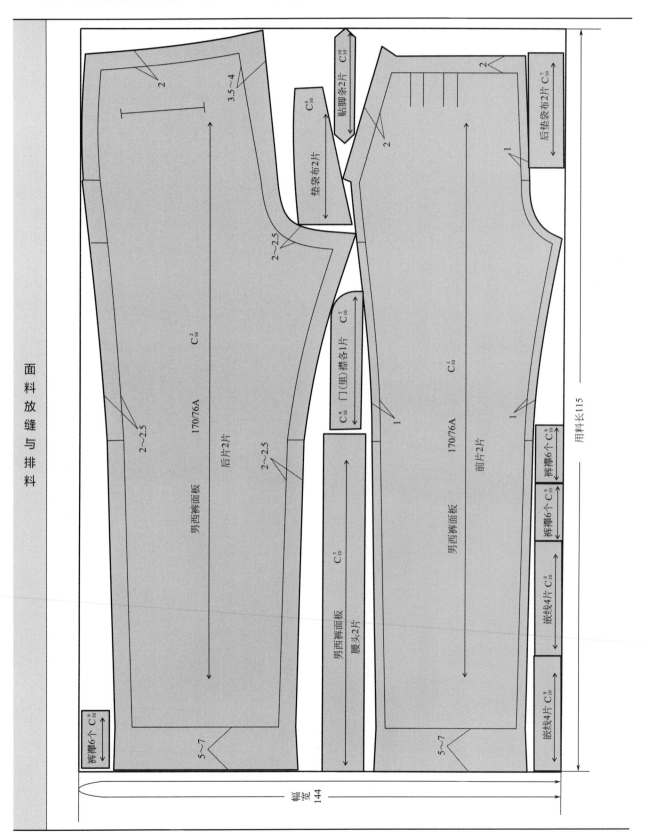

面料放缝与排料

贴脚条2片 C_{10}^{10}

后垫袋布2片 C_{10}^{7}

垫袋布2片 C_{10}^{6}

3.5~4

2~2.5

门（里）襟各1片 C_{10}^{4} C_{10}^{5}

2

170/76A 后片2片 C_{10}^{2} 男西裤面板

2~2.5

2~2.5

2

170/76A 前片2片 C_{10}^{1} 男西裤面板

1

1

用料长115

裤襻6个 C_{10}^{9}

嵌线4片 C_{10}^{8}

裤襻6个 C_{10}^{9}

男西裤面板 腰头2片 C_{10}^{3}

裤襻6个 C_{10}^{9}

嵌线4片 C_{10}^{8}

5~7

5~7

幅宽 144

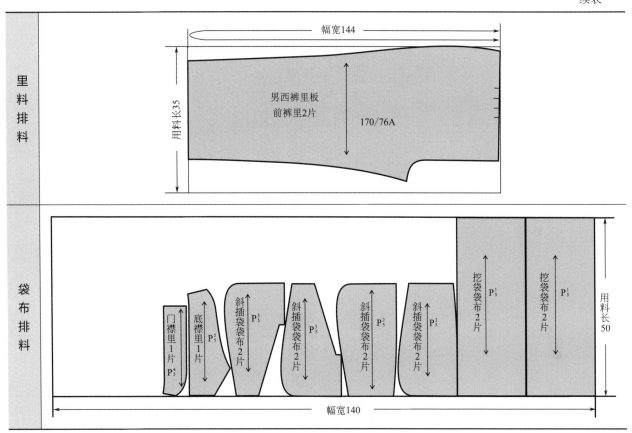

| 里料排料 | 袋布排料 |

4. 假缝

男西裤单件精做的工艺需要假缝、试样、修正，单件简做的工艺、工业化成衣制作都没有假缝工艺。

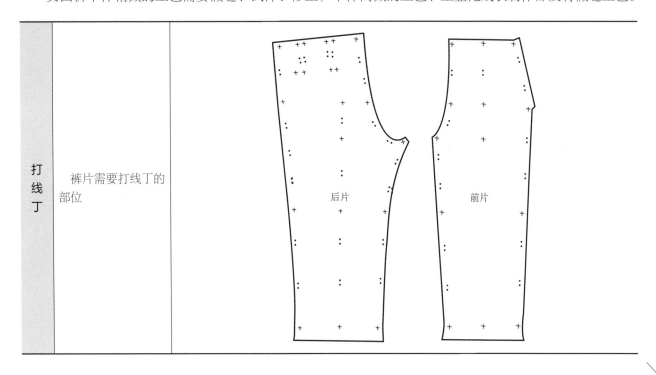

打线丁 — 裤片需要打线丁的部位

归拔前裤片	在前裤片上喷少许蒸汽，从腹凸点开始，用熨斗按箭头方向进行归拔，在中裆部位侧缝线和下裆线处要拔开，向裤中线方向归，直到下裆弧线成直线为止	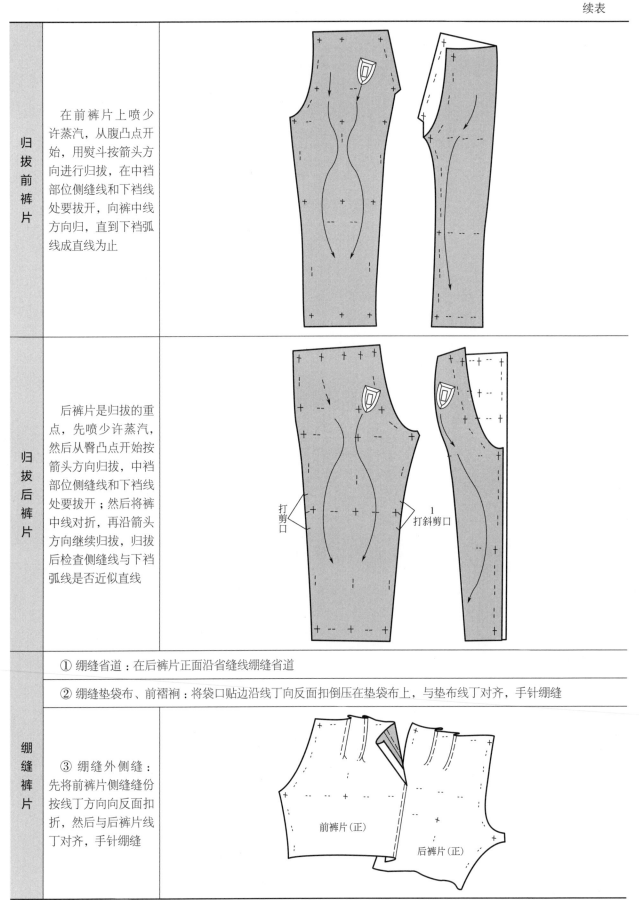
归拔后裤片	后裤片是归拔的重点，先喷少许蒸汽，然后从臀凸点开始按箭头方向归拔，中裆部位侧缝线和下裆线处要拔开；然后将裤中线对折，再沿箭头方向继续归拔，归拔后检查侧缝线与下裆弧线是否近似直线	
绷缝裤片	① 绷缝省道：在后裤片正面沿省缝线绷缝省道	
	② 绷缝垫袋布、前褶裥：将袋口贴边沿线丁向反面扣倒压在垫袋布上，与垫布线丁对齐，手针绷缝	
	③ 绷缝外侧缝：先将前裤片侧缝缝份按线丁方向向反面扣折，然后与后裤片线丁对齐，手针绷缝	

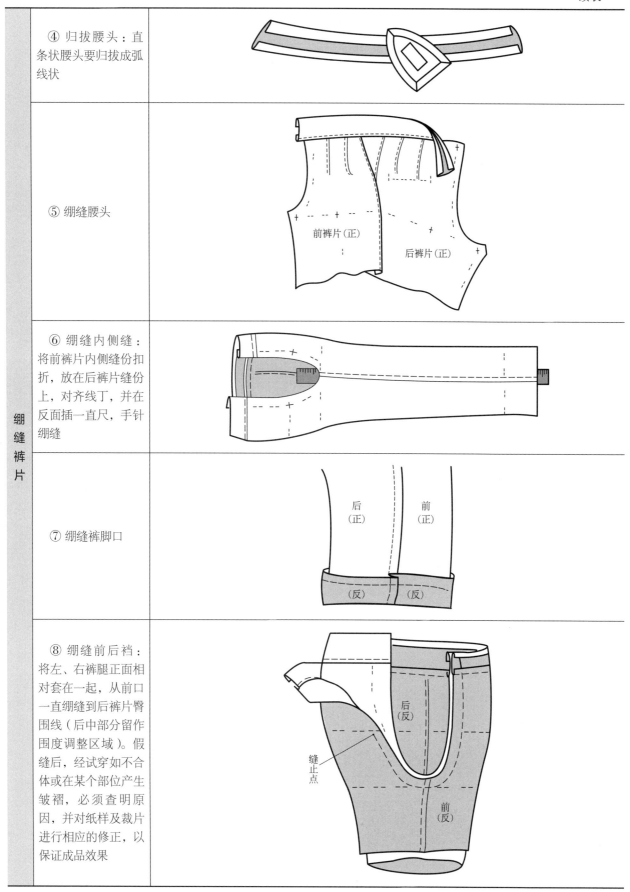

绷缝裤片	④ 归拔腰头：直条状腰头要归拔成弧线状	
	⑤ 绷缝腰头	
	⑥ 绷缝内侧缝：将前裤片内侧缝份扣折，放在后裤片缝份上，对齐线丁，并在反面插一直尺，手针绷缝	
	⑦ 绷缝裤脚口	
	⑧ 绷缝前后裆：将左、右裤腿正面相对套在一起，从前口一直绷缝到后裤片臀围线（后中部分留作围度调整区域）。假缝后，经试穿如不合体或在某个部位产生皱褶，必须查明原因，并对纸样及裁片进行相应的修正，以保证成品效果	

5. 缝制准备

检查 裁片	检查数量：对照排料图，清点裁片是否齐全
	检查质量：认真检查每个裁片的用料方向、正反形状是否正确
	核对裁片：复核定位、对位标记，检查对应部位是否符合要求
修剪 缝份	把经过试样修改后的裤片线丁重新修正，然后将缝份修剪成下裆缝、侧缝、腰头为1cm，裤脚口贴边为4cm，后裆斜线腰口处为2.5～3cm，到臀高线处恢复为1cm
归拔和 粘衬	对已归拔的裤片再稍做归拔定型处理，在需要粘衬的部位压烫黏合衬，压烫前后裤片的烫迹线
覆前片 里子	将前片里子与前裤片两侧及上口绷缝固定
锁边	需要锁边的部位包括前后裤片的侧缝、脚口、下裆缝，侧袋垫袋布的内口、下口，后袋嵌线及垫袋布的下口

后袋嵌线

后袋垫袋布

后片（正）

侧袋垫袋布

前片（正）

前片里下口

6. 缝制工艺流程

流程 图示	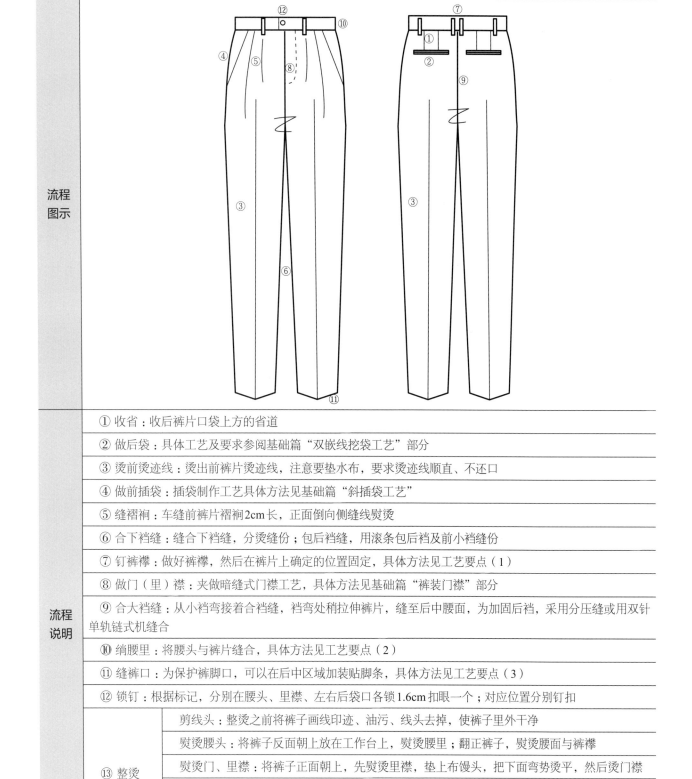
流程 说明	① 收省：收后裤片口袋上方的省道
	② 做后袋：具体工艺及要求参阅基础篇"双嵌线挖袋工艺"部分
	③ 烫前烫迹线：烫出前裤片烫迹线，注意要垫水布，要求烫迹线顺直、不还口
	④ 做前插袋：插袋制作工艺具体方法见基础篇"斜插袋工艺"
	⑤ 缝褶裥：车缝前裤片褶裥2cm长，正面倒向侧缝线熨烫
	⑥ 合下裆缝：缝合下裆缝，分烫缝份；包后裆缝，用滚条包后裆及前小裆缝份
	⑦ 钉裤襻：做好裤襻，然后在裤片上确定的位置固定，具体方法见工艺要点（1）
	⑧ 做门（里）襟：夹做暗缝式门襟工艺，具体方法见基础篇"裤装门襟"部分
	⑨ 合大裆缝：从小裆弯接着合裆缝，裆弯处稍拉伸裤片，缝至后中腰面，为加固后裆，采用分压缝或用双针单轨链式机缝合
	⑩ 绱腰里：将腰头与裤片缝合，具体方法见工艺要点（2）
	⑪ 缝裤口：为保护裤脚口，可以在后中区域加装贴脚条，具体方法见工艺要点（3）
	⑫ 锁钉：根据标记，分别在腰头、里襟、左右后袋口各锁1.6cm扣眼一个；对应位置分别钉扣

	⑬ 整烫	剪线头：整烫之前将裤子画线印迹、油污、线头去掉，使裤子里外干净
		熨烫腰头：将裤子反面朝上放在工作台上，熨烫腰里；翻正裤子，熨烫腰面与裤襻
		熨烫门、里襟：将裤子正面朝上，先熨烫里襟，垫上布馒头，把下面弯势烫平，然后烫门襟
		熨烫裤腿：裤子沿前、后裤中线折叠，置于工作台上，掀起上层裤腿，下层裤腿的内、外侧缝对准，加盖水布，由下向上烫实烫迹线；烫至前腰褶裥处，垫布馒头归烫；烫至臀部时，横裆以下归烫，横裆以上拔烫，烫出臀部胖势，使后裤片符合人体曲线

7. 工艺要点

（1）钉裤襻

在裤片上腰口处确定裤襻位置，将做好的裤襻与裤片正面相对，一端与腰口比齐，距离腰口2.5cm处固定，需要重合回针3～4次

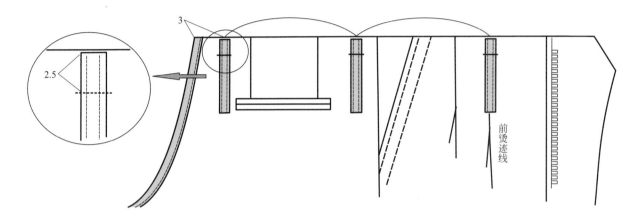

（2）绱腰里

钉裤钩	分别在左腰里和右腰面的前中线对应位置安装裤钩

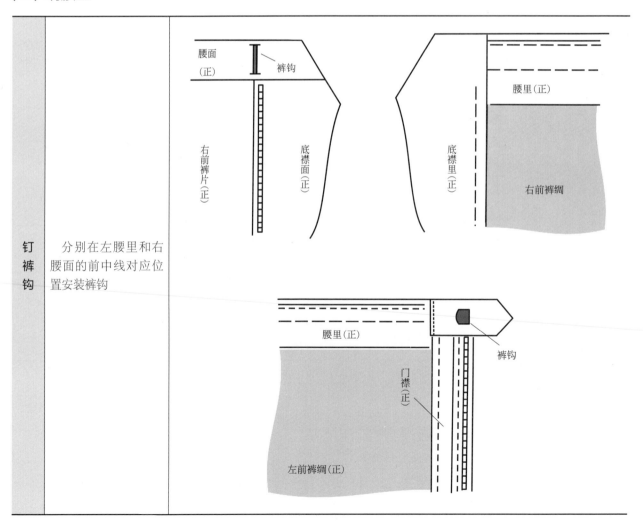

续表

绱腰里	掀开表层腰里，从正面的绱腰缝口灌缝，带住内层腰里。要求腰里与腰面平服，腰里无漏缝。也可以用缲边机将腰里与腰口缝份固定	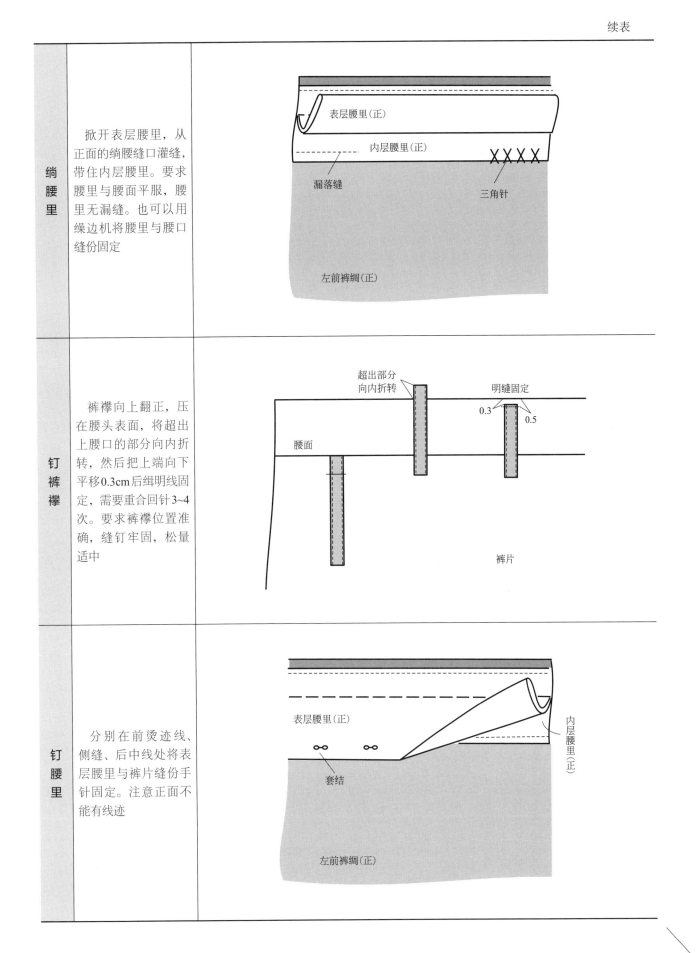
钉裤襻	裤襻向上翻正，压在腰头表面，将超出上腰口的部分向内折转，然后把上端向下平移0.3cm后缉明线固定，需要重合回针3~4次。要求裤襻位置准确，缝钉牢固，松量适中	
钉腰里	分别在前烫迹线、侧缝、后中线处将表层腰里与裤片缝份手针固定。注意正面不能有线迹	

（3）缝裤口

烫贴脚条	将贴脚条的宝剑头及两边缝份向反面扣烫	 0.8
缉贴脚条	将贴脚条的中线与裤中线对齐，贴脚条置于裤口净线偏上0.1cm处，四周缉缝0.1cm明线固定	后裤片（正） 脚口净线　居中对齐 0.1 0.1
缭脚口	烫好裤脚口贴边，用三角针缭缝	后裤片（反） 三角针缭缝 0.1　0.1

8. 成品工艺要求

项目	工艺要求
规格	允许误差：$W=\pm1$cm；$H=\pm1$cm；立裆$=\pm0.3$cm；$L=\pm1$cm
腰头	丝缕顺直，宽度一致，内外平服、平齐，裤襻位置适当，缝合牢固，无裥无毛，腰里松紧适宜
门襟	门襟顺直，止口不反吐、不反翘，拉链平服、不拧不豁，门里襟高度一致，封口无起吊
后袋	省左右对称，省道顺直，倒向正确，压烫无痕；嵌线宽度均匀、上下一致，袋角方正，无裥无毛，袋布平服
侧袋	左右对称，袋口不拧不皱，缉线整齐，袋布平服；褶位对称，倒向符合要求
裤绸	平服，松紧适宜
合缝	缝线顺直，不吃不赶，分烫无坐势；后裆缝无双轨线，十字缝处对齐
裤脚口	贴边宽度均匀，三角针线迹松紧适宜，正面无针花，底边平服，不拧不皱
整烫效果	无污、无黄、无焦、无光、无皱，烫迹线顺直

八、牛仔裤工艺

1. 款式说明与材料准备

款式说明	牛仔裤是休闲裤的代表品类，被称为"百搭服装之首"。近年来牛仔裤越来越多元化、时装化和休闲化，版型也从最早的直筒发展为修身、小脚、哈伦、喇叭等不同种类 　本款牛仔裤的特征为：低腰直筒，另装弧形腰头，前中门襟处绱拉链，前侧月亮袋，后片育克，左右各一贴袋	
材料准备	面料	面料选择：牛仔裤可以选择牛仔布、斜纹布等有一定厚度的面料，颜色深浅均可
		面料用量：幅宽144cm，用量为裤长+10cm，约为105cm。幅宽不同时，也可根据实际情况酌情加减面料用量
	辅料	（1）铆扣：前门襟处大铜扣一副
		（2）拉链：需要大约20cm长度的铜拉链一条，要求与面料顺色接近
		（3）非织造布衬：幅宽90cm，用料长大约为30cm
		（4）缝线：准备与使用面料颜色及材质相符的牛仔线
		（5）袋布：顺色涤棉布，40cm×35cm
		（6）打板纸：整张绘图纸2张

2. 结构制图

制图规格（cm）	号/型	裤长（TL）	腰围（W）	臀围（H）	裤口宽
	160/68A	96	68+4（放松量）	92+4（放松量）	20

裤片制图

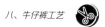

后腰

育克

前腰

$\dfrac{W}{4}+2$（省）

3

后腰

育克

6

3

3

5

13

12

15：4

2

$\dfrac{H}{4}+1$

0.11H-1

2.5

1.5

1

$\dfrac{W}{4}+1$（省）

2

1

前腰

3

3

9

3

5

6

2

7

1

22

0.5

$\dfrac{H}{4}-1$

0.04H

8

后片

前片

★+1

★+1

▲+1

▲+1

4

裤长

★

▲

裤口+2

裤口-2

零部件制图

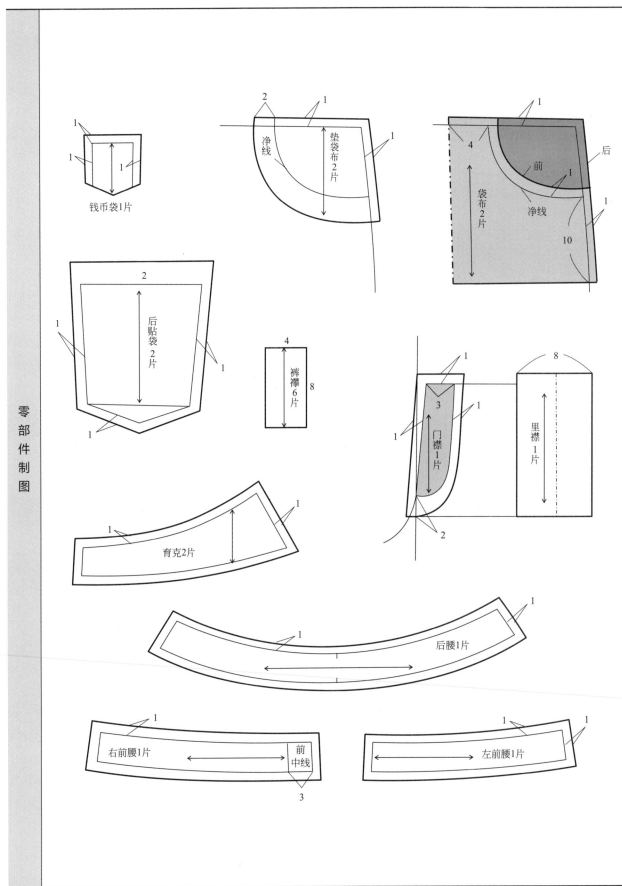

钱币袋1片

净线

垫袋布2片

后

前

袋布2片

净线

后贴袋2片

裤襻6片

门襟1片

里襟1片

育克2片

后腰1片

右前腰1片 前中线

左前腰1片

3. 放缝与排料

图中未标明的部位放缝量均为1cm。面料样板编号代码为C。

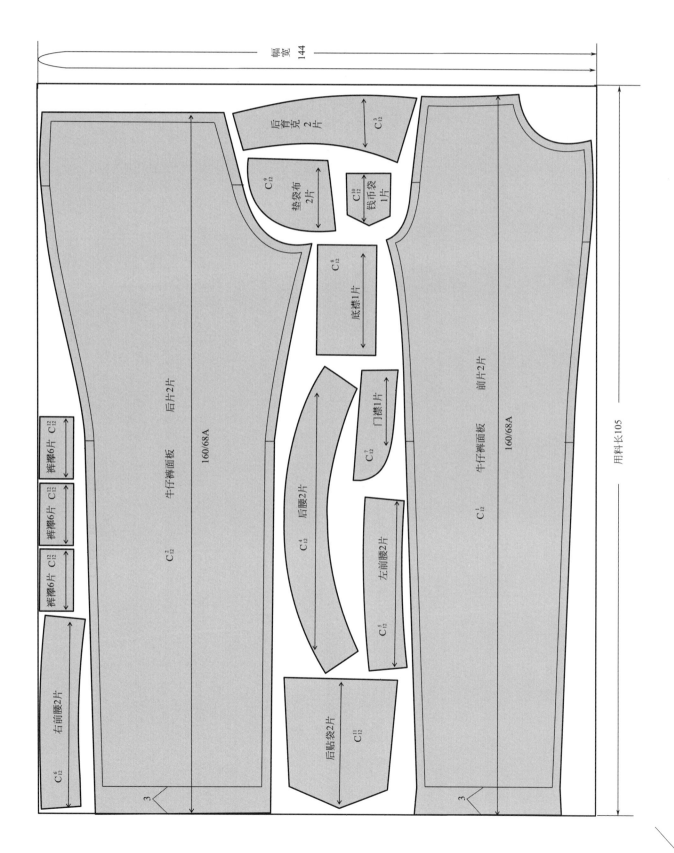

4.缝制准备

检查裁片	检查数量：对照排料图，清点裁片是否齐全
	检查质量：认真检查每个裁片的用料方向、正反形状是否正确
	核对裁片：复核定位、对位标记，检查对应部位是否符合要求
做标记	在前后片的中裆线、脚口线上做剪口记号；在前后片的口袋位置上作标记

5.缝制工艺流程

流程图示

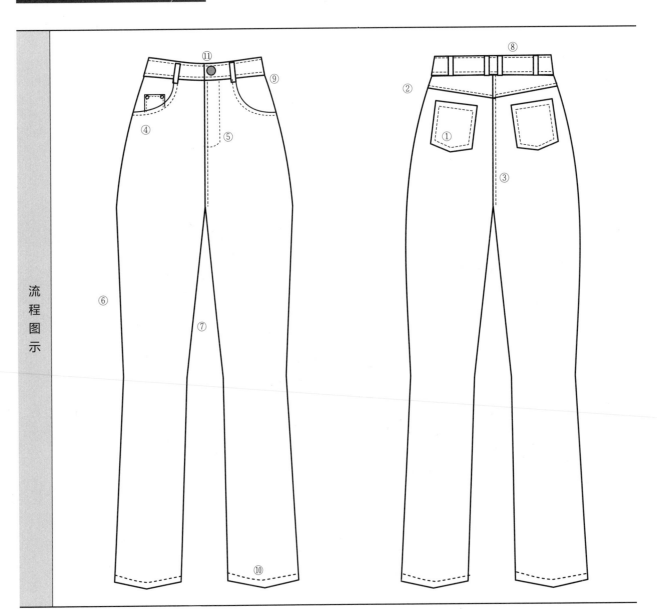

续表

流程说明	① 缝后贴袋：将后贴袋固定在后裤片指定的位置
	② 拼接后育克：将后育克与后片进行拼接，缝份1cm。后片与育克双层锁边，缝份倒向裤片，烫平。然后正面分别距离边缘0.1cm、0.6cm缉双线 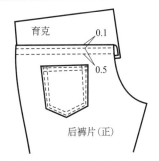
	③ 合后裆缝：将左右后片正面相对缝合，缝份1cm。然后双层锁边，缝份倒向左裤片熨烫。正面分别距离边缘0.1cm、0.6cm缉双线 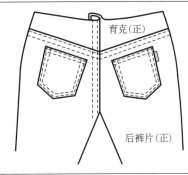
	④ 做前袋：横插袋工艺，具体方法见基础篇"横插袋工艺"部分
	⑤ 绱拉链：绱金属拉链，具体方法见基础篇"单做明缝式门襟工艺"部分
	⑥ 合外侧缝：前后裤片正面相对，缝份1cm缝合外侧缝。双层锁边后，将缝份倒向后裤片烫平。翻到正面，在后裤片上分别距离边缘0.2cm、0.8cm缉双明线
	⑦ 合下裆缝：前后裤片正面相对，缝份1cm缝合下裆缝，裆底十字缝要对齐。双层锁边，缝份倒向后裤片熨烫 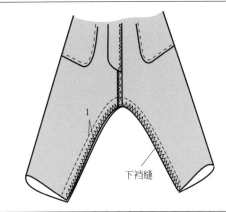
	⑧ 缝裤襻：裤襻的制作方法见基础篇"襻带工艺"部分，裤襻的定位及固定方法参考女西裤工艺
	⑨ 绱腰头：骑缝双层腰头，具体方法见基础篇"弧形腰头工艺"部分
	⑩ 缝裤口：将裤口按缝份两次扣烫，分别距离边缘1cm、2cm，然后在距离折边边缘0.1cm车缝固定。要求缉线顺直，宽窄一致
	⑪ 锁眼钉扣：在腰头的门襟一侧锁圆头扣眼1个，里襟一侧对应位置安装金属扣
	⑫ 整烫：清除所有线头、污渍等，使裤子正面干净整洁。对裤子正面反面进行熨烫，保证所有缝份烫平，倒向正确；腰头、裤口、门里襟等部位平整

6. 成品工艺要求

项目	工艺要求
规格	允许误差：$W=\pm 1cm$；$H=\pm 1cm$；立档$=\pm 1cm$；$L=\pm 1cm$
腰头	腰头平服，左右对称，宽窄一致，止口不反吐
门（里）襟	拉链平服，门里襟长短一致，封口牢固，缉线顺直
后贴袋	左右对称，大小一致，高低一致
前插袋	左右对称，袋口平服，松紧适宜，不拧不皱，缉线整齐，上下封口位置恰当，缝合牢固，袋布平服
侧缝	内外侧缝缉线顺直，不起吊，两裤腿长短一致
裆缝	裆底十字缝对齐，平服
裤口	宽度均匀，底边平服，不拧不皱
整烫效果	各部位熨烫平服

九、夹克衫工艺

1. 款式说明与材料准备

款式特征	本款夹克造型比较宽松，长及臀围，挂全里。分领座平方领，前中门襟装拉链，左右各一斜向单嵌线挖袋，另装下摆；后片横过肩分割，衣身下方靠近侧缝处左右各收一省；两片袖，袖口收一个裥，方头袖克夫，钉两粒扣	
	 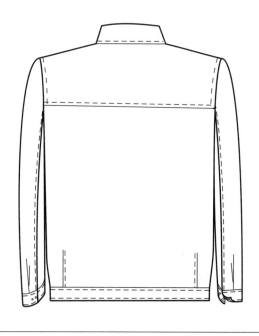	

材料准备	**面料**	面料选择：面料材质适合选择棉、毛、混纺或化纤类织物等。春秋穿用的夹克，面料应选择全棉细帆布、涤棉卡其、涤黏混纺织物、精纺毛织物等。冬季穿用的夹克，面料应选各种粗纺毛呢类，如格呢、仿麂皮材料、羊绒织品等
		面料用量：幅宽144cm，用量约为衣长+袖长+20cm，约为150cm。幅宽不同时，也可根据实际情况酌情加减面料用量
	里料	里料选择：与面料材质、色泽、厚度相匹配
		里料用量：幅宽144cm，用量约为衣长+袖长，约为130cm
	辅料	（1）黏合衬用量：中等厚度非织造布衬，幅宽90cm，长度约100cm
		（2）纽扣：1.7cm 4粒袖口用，1.2cm 2粒里袋用，材质及颜色与所用面料相符
		（3）拉链：需要大约60cm长度的分离式拉链一条，要求与面料顺色接近
		（4）垫肩：圆头软垫肩1副
		（5）缝线：准备与使用布料颜色及材质相符的机缝线
		（6）打板纸：整张绘图纸3张

2. 结构制图与纸样

（1）衣身的结构制图

制图规格（cm）	号/型	胸围（B）	衣长（L）	袖长（SL）	袖口围	底领宽（a）	翻领宽（b）
	170/88A	88+20	68	55.5+4.5	26	4	5

夹克衫衣片原型结构

夹克衫衣片原型需要在男装原型的基础上进行调整，男装原型结构见本书男衬衫工艺部分

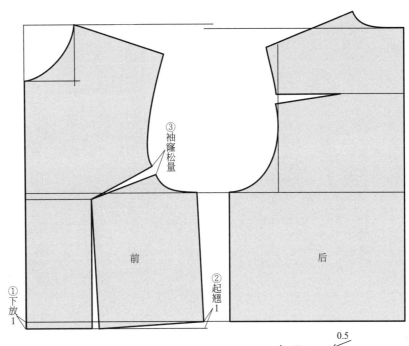

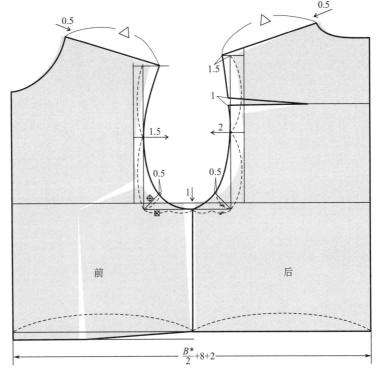

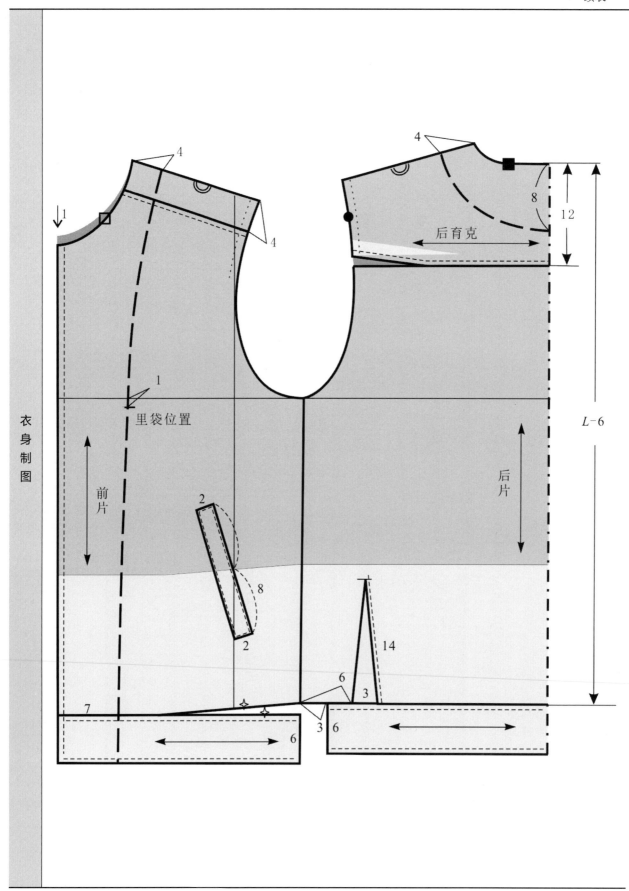

衣身制图

前片

后片

后育克

里袋位置

$L-6$

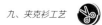

（2）袖片的结构制图

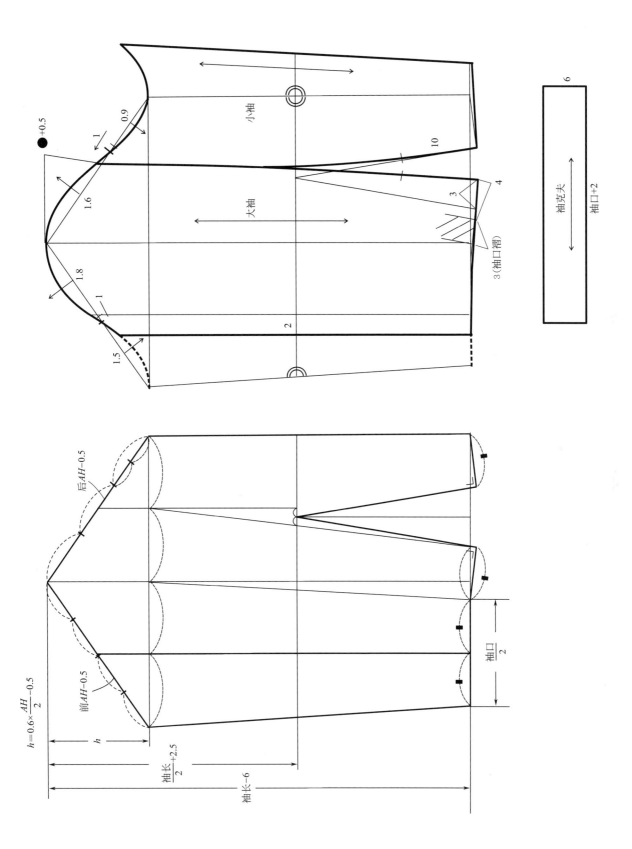

（3）领片的结构制图与纸样

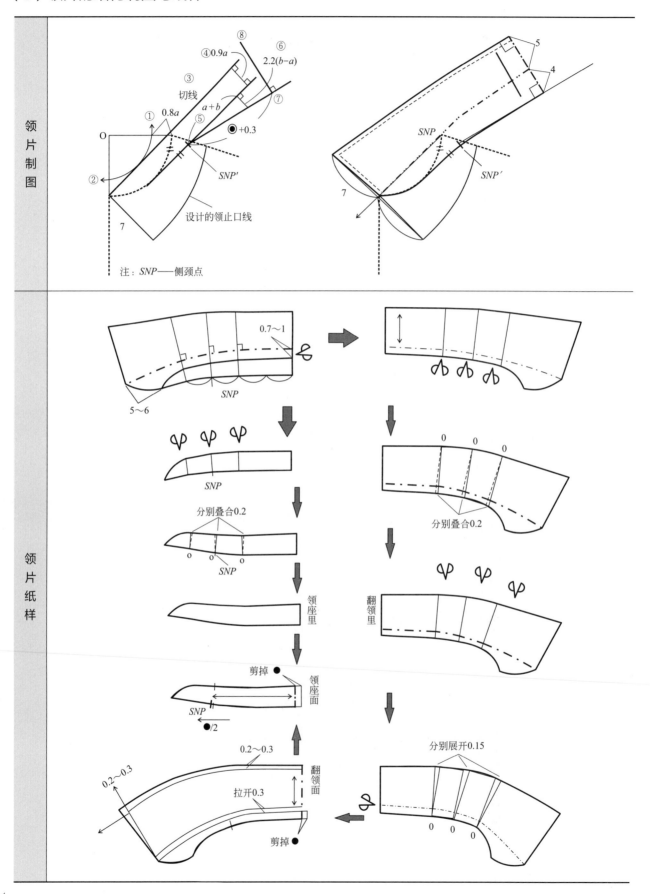

（4）部件的纸样

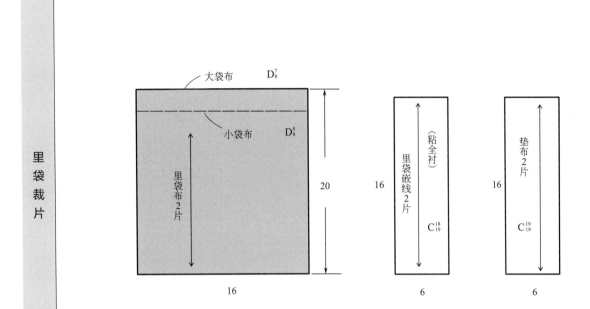

里袋裁片

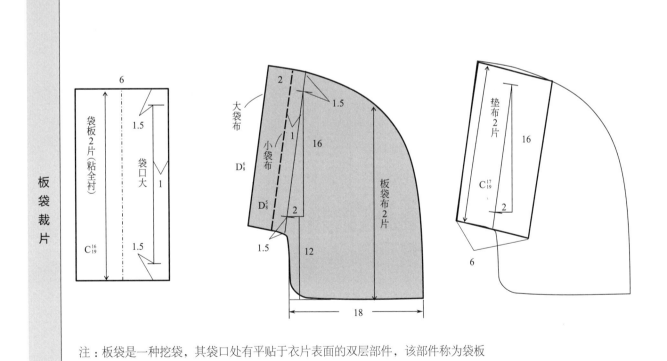

板袋裁片

注：板袋是一种挖袋，其袋口处有平贴于衣片表面的双层部件，该部件称为袋板

（5）里料的纸样

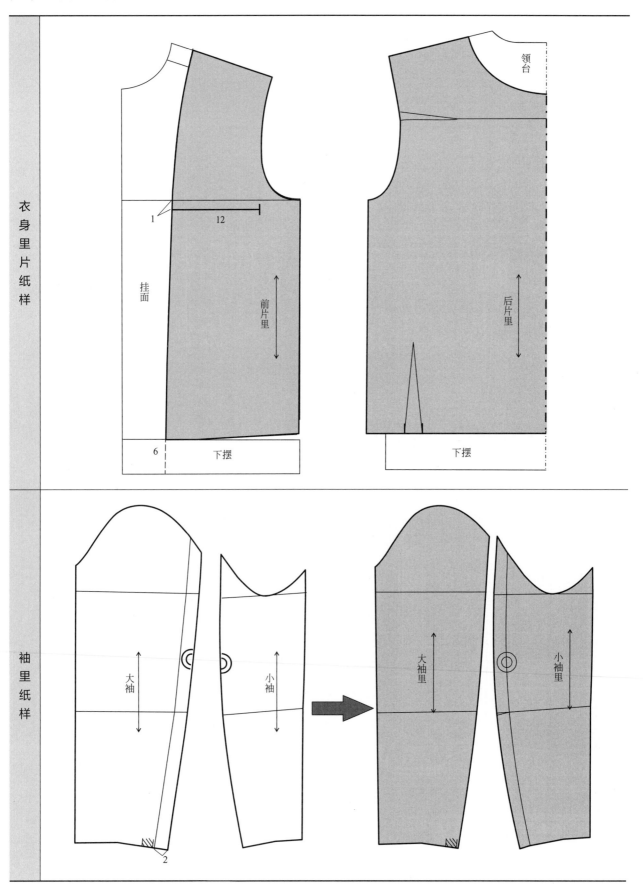

衣身里片纸样

领台

挂面

前片里

后片里

1

12

6

下摆

下摆

袖里纸样

大袖

小袖

大袖里

小袖里

2

（6）衬料的纸样

其中机织布黏合衬样板编号代码为E，非织造布黏合衬样板编号代码为F。

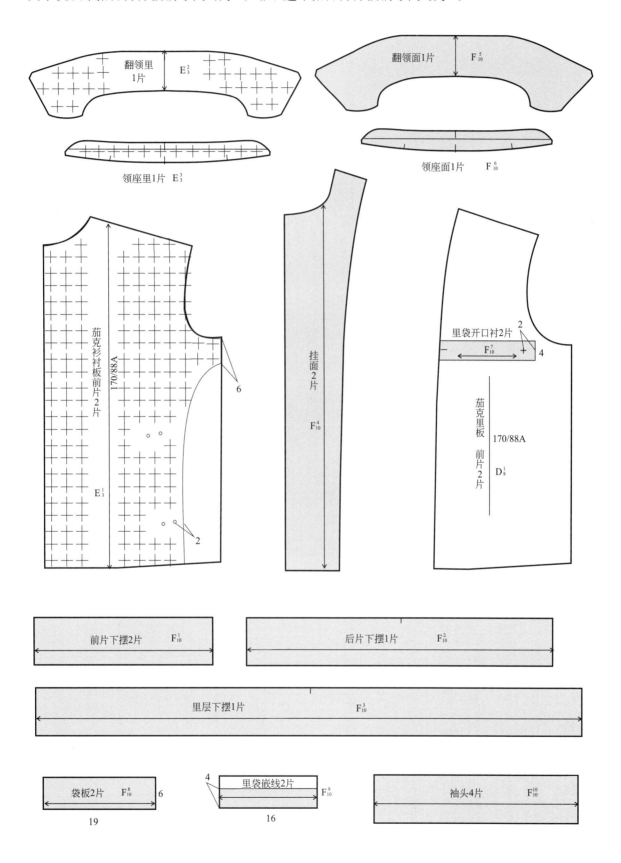

3. 放缝与排料

（1）面料

图中未标明的部位放缝量均为1.2cm。面料样板编号代码为C，在排料图双层区域中只排了领座面的样板，领座里用其下层即可。

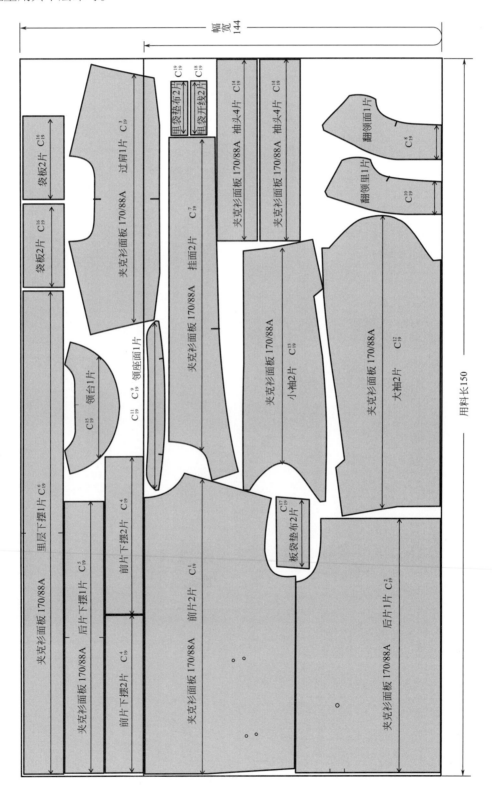

（2）里料

图中未标明的部位放缝量均为1.5cm。里料样板编号代码为D。

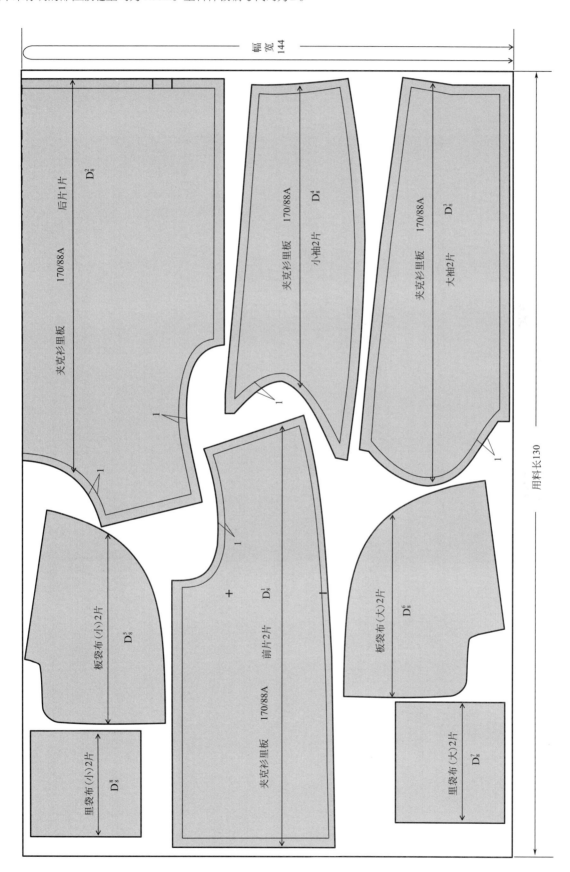

（3）衬料

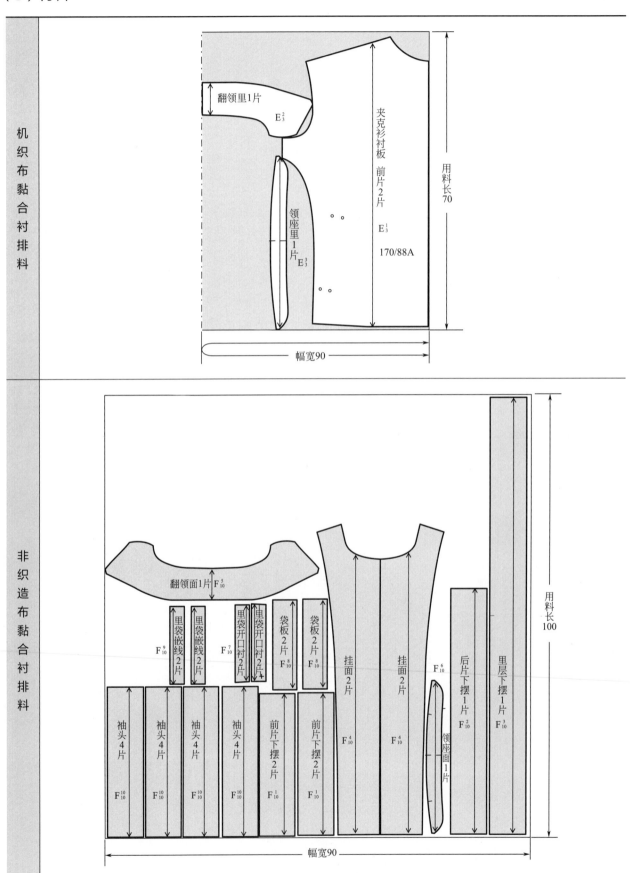

4. 缝制准备 ✂

检查 裁片	检查数量：对照排料图，清点裁片是否齐全
	检查质量：认真检查每个裁片的用料方向、正反形状是否正确
	核对裁片：复核定位、对位标记，检查对应部位是否符合要求
粘衬	领里、领面粘全衬，挂面粘全衬，下摆条里层粘全衬，袖克夫里层粘全衬，开袋位置反面粘衬，嵌线与袋板粘衬
画线	在裁片反面画省位、袋位等

5. 缝制工艺流程 ✂

流程
图示

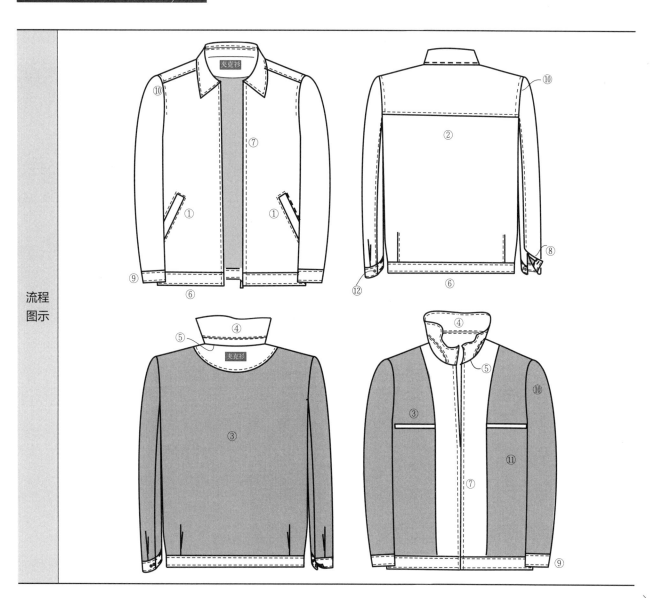

续表

流程说明	① 做衣面前身	前衣身做挖袋：具体工艺见基础篇"口袋工艺——夹克衫外袋"部分
		前衣身合下摆：反面钩缝前片与下摆条，两端回针，缝份倒向下摆
	② 做衣面后身	后衣身收省：先从反面缝合省道，省缝倒向后中线方向，然后正面沿省口缉线，间距0.1cm
		后衣身合下摆：对齐后中对位点，反面钩缝后片与下摆条，两端回针，缝份倒向下摆
		装过肩：对齐后中对位点，反面钩缝后片与过肩；翻至正面，缝份倒向过肩，沿缝口缉线，间距0.6cm
		合肩缝：前片与过肩正面相对钩缝，缝份倒向过肩后正面缉止口0.6cm。注意缝合时不能拉伸肩缝
	③ 做衣身里子	包括前身做里袋、装领台、合侧缝、合下摆、缝合挂面、合肩缝等，具体方法见工艺要点（1）
	④ 做领子	分领座的翻领工艺，具体方法见工艺要点（2）
	⑤ 绱领	扣烫门襟止口：将衣片与挂面的门襟止口沿净线扣烫，为保证止口顺直，可以借助直条形纸板扣烫
		绱领面：领面与里层领圈正面相对缝合，注意两端与扣烫好的挂面止口比齐，中间对合颈侧点及后中记号
		绱领里：绱领里的方法和要求与领面相同
		分烫缝份：分别将绱领里和绱领面的缝份分烫，注意颈侧区域领圈缝份需要打剪口
	⑥ 缝下摆	钩缝表层下摆与里层下摆，具体方法见工艺要点（3）
	⑦ 绱拉链	左右前片分别绱拉链，具体方法见工艺要点（4）
	⑧ 做袖衩	采用重叠式袖衩工艺，具体方法见工艺要点（5）
	⑨ 绱袖克夫	分层绱袖克夫，具体方法见工艺要点（6）
	⑩ 绱袖	（1）绱袖面：袖面与衣身袖窿正面相对，比齐对位点缝合；缝份倒向袖窿，在肩部区域缉明线，线迹距离缝口0.6cm
		（2）绱左侧袖里：从左侧袖窿掏出左袖里与袖窿，两者正面相对，比齐对位点缝合；将左侧垫肩机缝固定在衣里肩部；局部固定肩头处里与面缝份
		（3）绱右侧袖里：从右侧里袋所留的出口掏出右袖里与袖窿，与左袖相同的方法绱袖、固定垫肩、固定肩头缝份
	⑪ 封口	从右侧里袋袋口掏出袋布，在开口区域缉明线或者手缝封口
	⑫ 锁钉	（1）锁眼：按照记号在袖克夫上锁2cm的平头扣眼
		（2）钉扣：袖克夫横向并列钉两粒扣，扣间距3cm，里袋袋口中点各钉一粒扣；不需要线柱，四上四下直接缝钉牢固即可
	⑬ 整烫	铺平衣身，熨烫平整，注意里层不能烫出折痕。熨烫时，先烫一侧门襟，然后烫后片，转至另一侧前身，再烫袖身，最后垫上馒头烫肩部及领部

6. 工艺要点

（1）做衣身里子

前身做里袋	具体制作工艺及要求参阅基础篇口袋工艺"夹克衫内袋"部分。注意右侧里袋的袋布靠近袖窿的一侧下半段不能缝合，需要由此掏出绱右侧袖里	 里袋布(正) 留出开口 前里片(反)
后身叠裥	后身下口左右侧对称叠裥，并在缝份内绷缝固定	 领台(反) 后片里(正) 绷缝　绷缝 0.7
装领台	先将领台沿净线做缩扣烫，然后与后里片正面相对钩缝 　缝合时注意铺平里片，边缝边调整领台的位置，使之始终与里片比齐，缝至圆头区域时不能将扣缩的缝份拉开。为保证缝合质量，可以多作几组对位记号 　翻正领台，沿领台的折边缉线，间距0.6cm。要求接缝平整、圆顺，缝口无变形	
合侧缝	前后片里子侧缝缝合1.2cm，缝份沿净线倒向后片压烫，0.3cm留作掩皮	
合下摆	衣身里与里层下摆条正面相对钩缝，两端回针，缝份倒向里片	
缝合挂面	挂面与前片里正面相对钩缝，里子在上层，注意里袋对位点	
合肩缝	前后片肩缝正面相对钩缝，注意比齐领台与挂面的对合点	

（2）做领子

拼缝领片	领面的翻领与领座正面相对钩缝，缝份0.7cm；翻至正面做劈压缝，缉线距离缝口0.1cm；领里的翻领与领座也同样接缝	领座面（反） 翻领面（正） 0.7 翻领面（正） 翻领面（反） 0.1 SNP SNP
钩缝领止口	领里领面正面相对钩缝止口，注意起针、止针时留出装领线缝份不缝，领角区域吃缝领面，做出窝势	领面（正） 吃缝领面0.2～0.3 领里（反） 起缝点 1
烫止口	反面扣折领里止口缝份并压烫，翻正领子，领里朝上压烫止口。烫领角时，需要左手扶起领子，右手用熨斗尖部压领角，一边压烫一边向领角方向退出，以保持领角窝势	领面倒吐0.1～0.2 扶起 领里（正） 退出
固定	翻开领下口，手针绷缝或机器缝合，固定后中区域分割线处两层领座的缝份	

（3）缝下摆

合侧缝	前后衣片正面相对缝合侧缝，并分烫缝份	
钩缝下摆	两层下摆条正面相对钩缝下口，注意两端留出挂面止口缝份不缝	
折下摆	翻正下摆，折进挂面止口，盖没下口缝份	
烫下摆	压烫门襟止口	

（4）绱拉链

绱拉链	扣压缝工艺：拉链置于扣烫好的衣片和挂面之间，门襟止口刚好盖没拉链齿扣，缉明线0.8cm直接固定	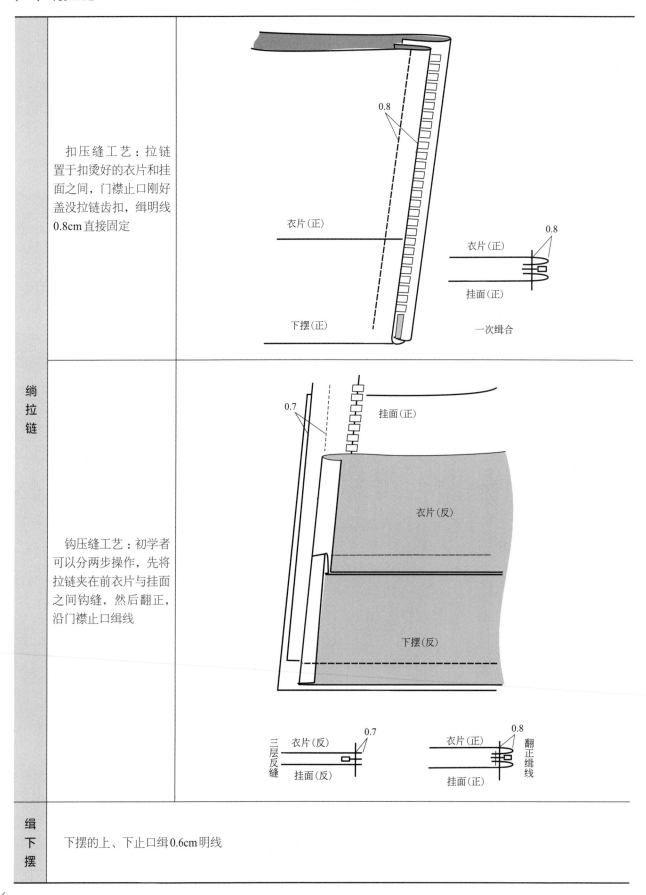
	钩压缝工艺：初学者可以分两步操作，先将拉链夹在前衣片与挂面之间钩缝，然后翻正，沿门襟止口缉线	
缉下摆	下摆的上、下止口缉0.6cm明线	

（5）做袖衩

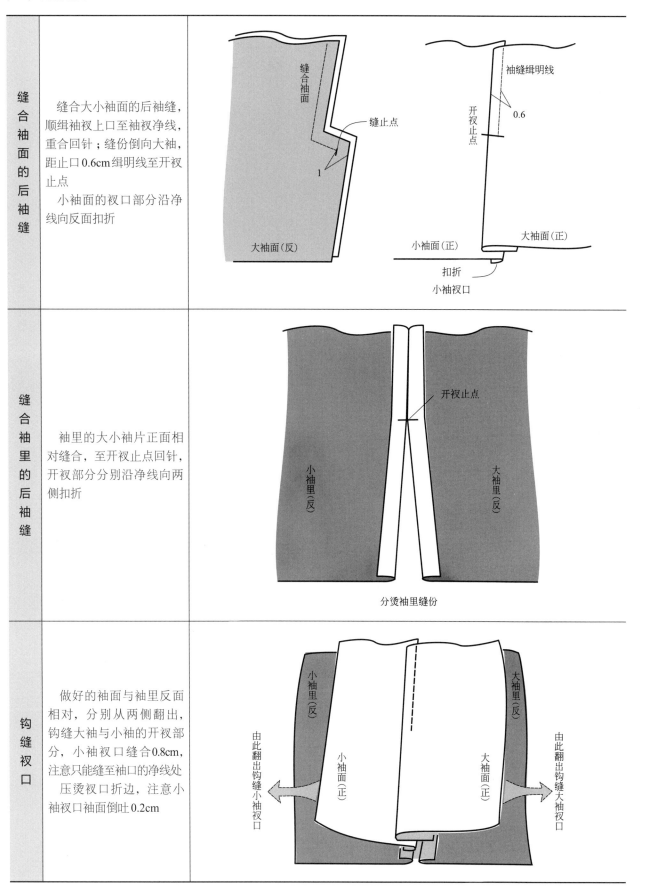

缝合袖面的后袖缝	缝合大小袖面的后袖缝，顺缉袖衩上口至袖衩净线，重合回针；缝份倒向大袖，距止口0.6cm缉明线至开衩止点 小袖面的衩口部分沿净线向反面扣折
缝合袖里的后袖缝	袖里的大小袖片正面相对缝合，至开衩止点回针，开衩部分分别沿净线向两侧扣折
钩缝衩口	做好的袖面与袖里反面相对，分别从两侧翻出，钩缝大袖与小袖的开衩部分，小袖衩口缝合0.8cm，注意只能缝至袖口的净线处 压烫衩口折边，注意小袖衩口袖面倒吐0.2cm

（6）绱袖克夫

固定袖口褶裥	按照记号分别折叠并别合固定袖口里、面的袖褶，注意倒向相反	
缝合前袖缝	分别缝合袖面、袖里的前袖缝，并分烫缝份	大袖面（正） 固定袖口褶裥 大袖里（反） 固定袖口褶裥
绱袖克夫	袖克夫的面、里分别与袖面、袖里合缝，袖面缝份倒向袖克夫，袖里缝份倒向袖身	大袖面（正） 接缝袖克夫 大袖里（反） 接缝袖克夫
缝袖克夫	从袖山处翻出袖口，袖克夫面、里正面相对钩缝，缝份0.9cm	
缉袖克夫	袖克夫翻至正面，压烫止口，注意不能有坐势；袖克夫四周缉0.6cm止口，向上顺缉袖衩止口，注意与袖缝缉线对接	大袖面（正） 固定袖克夫

7. 成品工艺要求

项目		工艺要求
规格	衣长	允许误差：±1cm
	袖长	允许误差：±0.7cm
	肩宽	允许误差：±0.8cm
	胸围	允许误差：±2cm
	领围	允许误差：±0.6cm
领	领子	平服，止口不反吐，明线整齐
	领尖	左右一致，误差不超过0.3cm
	绱领	绱领端正，领窝圆顺
袖	袖山	袖窿圆顺，袖山吃势均匀，前后一致
	袖底缝	顺直，平服
	袖克夫	衩口平服，封口牢固，袖克夫平整，缉线美观
	对称	袖子长短一致，对称部位无偏差
口袋	外袋	袋板整齐、对称，明线整齐，封结牢固
	里袋	嵌线宽窄一致，封结牢固，袋口不松懈
门襟	拉链	拉链直挺，开合顺畅，门襟止口平挺、长短一致，底摆下端平挺
衣身	肩缝	顺直，平服，左右长短一致
	侧缝	顺直，平服，左右长短一致
底摆		宽度一致，止口均匀
里子		各部位面、里相符，袖窿里有绷缝固定线
		挂面与里子拼缝整齐，肩缝、侧缝平服
线迹		明暗线迹整齐、顺直、美观，无跳线、断线
钉扣		位置准确、牢固
整烫效果		平挺整洁，无光，里面松紧适宜

十、女西服工艺

1. 款式说明与材料准备

款式说明		本款女西服的特征为：基本合体的收腰造型；平驳领，单排两粒扣，圆角下摆；前身左右各一带盖大袋，前后身刀背形弧线分割，后中破缝；圆装两片袖，袖口带袖衩，有三粒装饰扣
材料准备	面料	面料选择：面料材质适合选择毛织物、混纺织物或化纤类织物等。冬季西服常选用粗纺毛织物，如法兰绒、粗花呢、人字呢、格呢等；春秋季西服常选用精纺毛织物，如华达呢、直贡呢、哔叽、驼丝锦等。毛涤混纺、涤黏混纺或纯涤纶织物因具有结实、不易起皱、热塑性较强等特性，近年来也广为选用。西服多使用单色或近似单色的面料，有时也选用条格面料
		面料用量：幅宽144cm，用量为衣长+袖长+15～20cm，约为145cm
	里料	里料选择：与面料材质、色泽、厚度相匹配
		里料用量：幅宽144cm，用量约为衣长+袖长，约为130cm
	黏合衬	机织布衬：幅宽90cm的，用量为衣长+10cm，约为80cm
		非织造布衬：幅宽90cm的，用量为衣长+5cm，约为75cm
		牵条衬：直纱牵条约300cm，斜纱牵条约60cm
	辅料	（1）袖山垫条：薄型针刺棉6cm×30cm
		（2）纽扣：准备2.2cm纽扣3粒（备用1粒），1.5cm纽扣8粒（备用2粒），材质及颜色与所用面料相符
		（3）垫肩：1.5cm厚女西服垫肩1副
		（4）缝线：准备与使用布料颜色及材质相符的机缝线；打线丁用白棉线少量
		（5）打板纸：整张绘图纸3张

2. 结构制图

（1）原型衣片的调整

制图规格 （cm）	号/型	胸围 （B）	腰围 （W）	臀围 （H）	肩宽 （S）	衣长 （L）	袖长 （SL）	底领宽 （a）	翻领宽 （b）
	160/84A	84	68	90	40	68	54	3	5

女装原型制图见女衬衫工艺

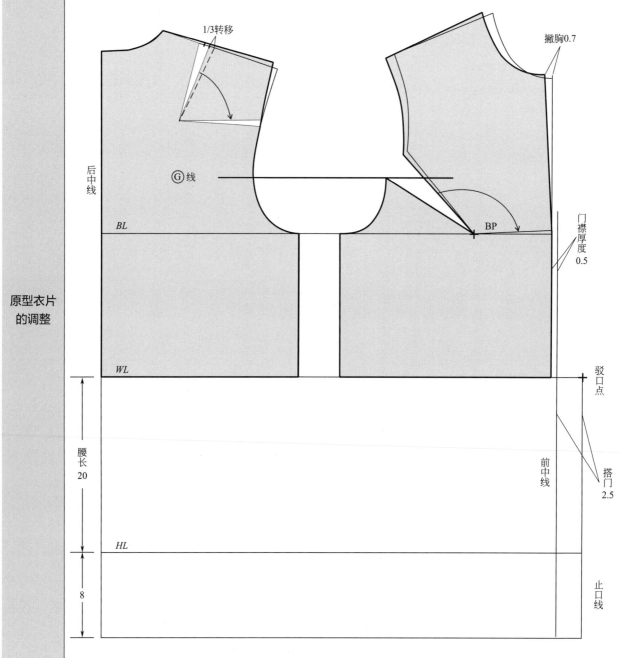

（2）衣身制图

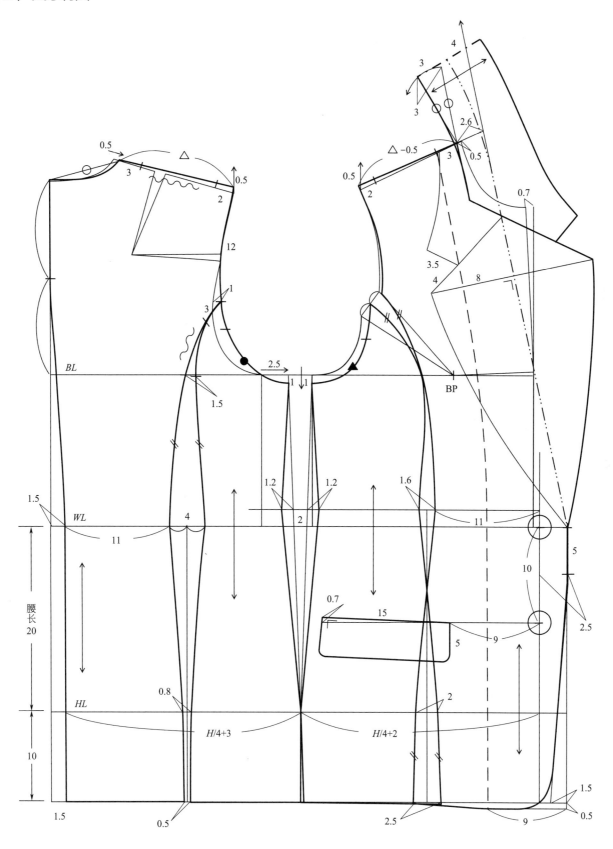

（3）袖子制图

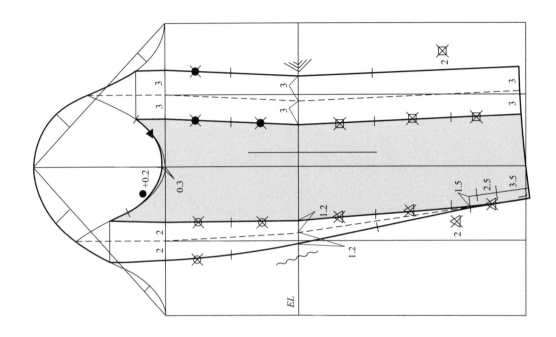

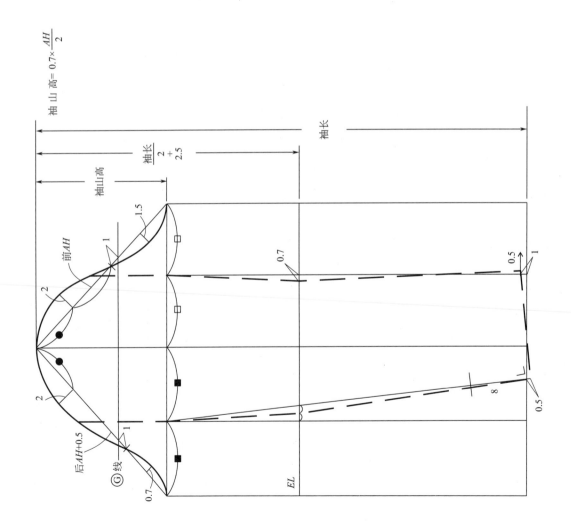

3. 纸样调整与放缝

（1）纸样对合部位圆顺情况检查

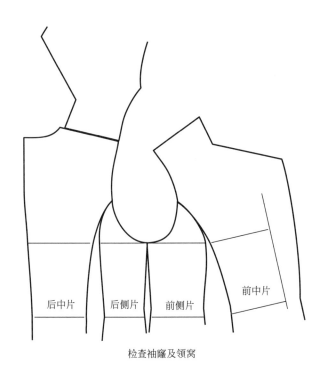

检查袖隆及领窝

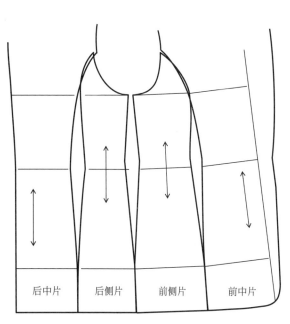

检查下摆

后中片　后侧片　前侧片　前中片

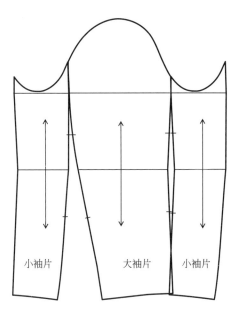

检查袖山

小袖片　大袖片　小袖片

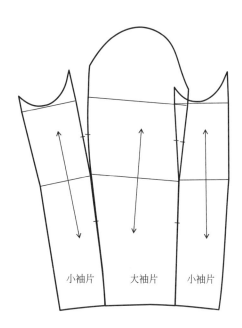

检查袖口

小袖片　大袖片　小袖片

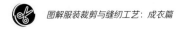

（2）袋位确认

大袋带盖横向与下摆平行，前端纵向与衣身前中线平行。

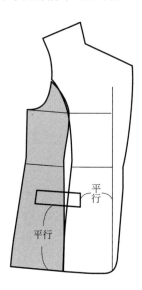

平行

平行

（3）领面及挂面纸样的调整与放缝

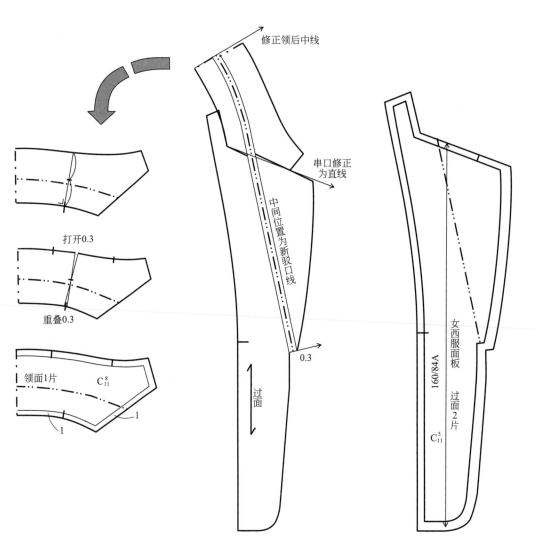

修正领后中线

串口修正
为直线

中间位置为新驳口线

0.3

过面

打开0.3

重叠0.3

领面1片

C_{11}^{8}

1

1

女西服面板

160/84A

过面2片

C_{11}^{5}

（4）衣片里料的纸样调整

衣片里料不需要和面料纸样相同，可以在不影响规格与款式的前提下进行拼接，以便简化裁剪与缝制工艺。

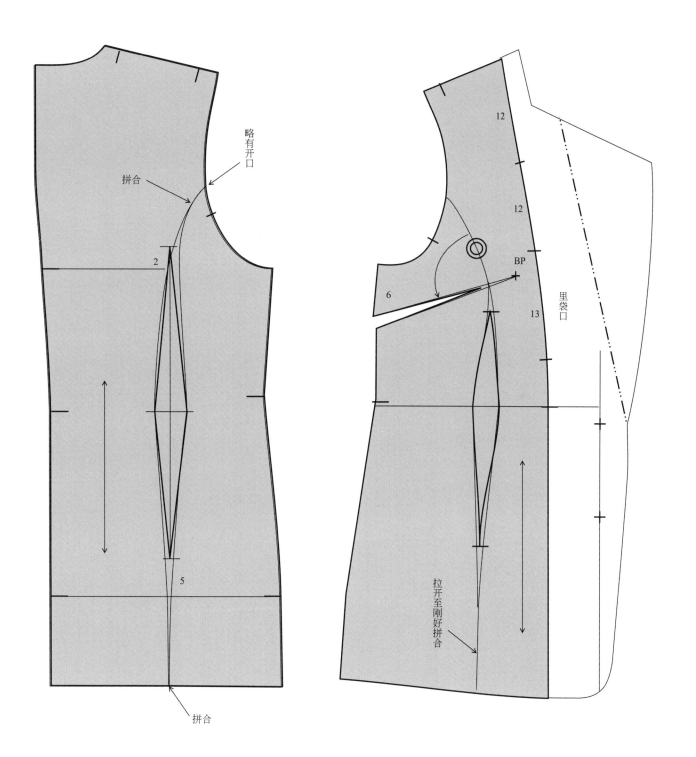

（5）面料样板放缝

图中未标明的部位放缝量均为1.5cm。面料样板编号代码为C。

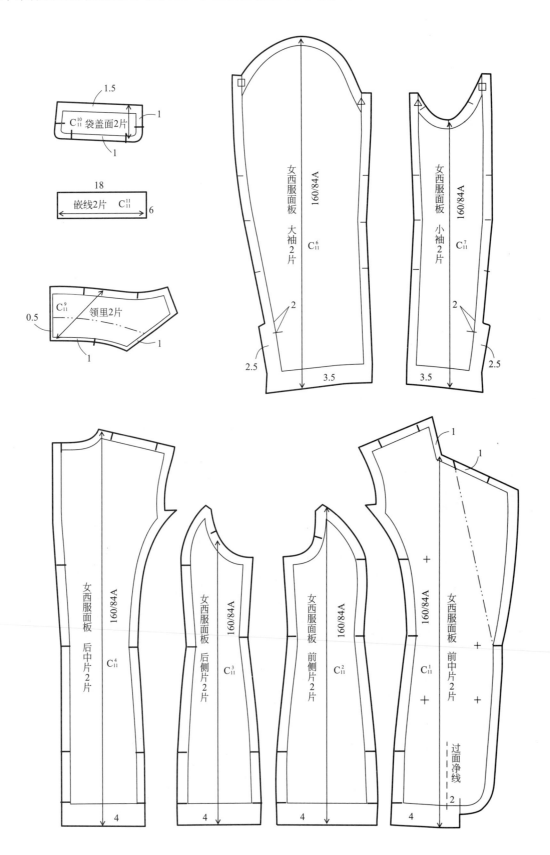

（6）面料排料

面料样板编号代码为C。

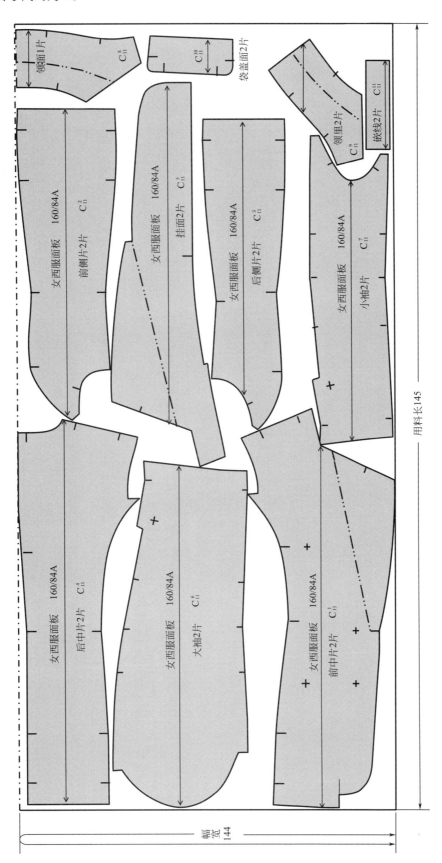

（7）里料放缝与排料

里料样板编号代码为D，图中未标明的部位缝2cm。

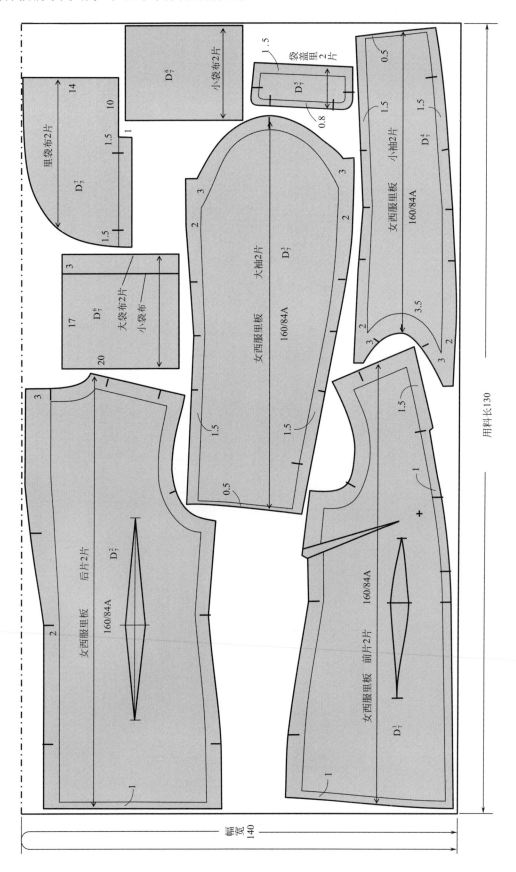

4.缝制准备

检查裁片	检查数量：对照排料图，清点裁片是否齐全
	检查质量：认真检查每个裁片的用料方向、正反形状是否正确
	核对裁片：复核定位、对位标记，检查对应部位是否符合要求

粘衬

非织造布衬用普通熨斗压烫，机织布衬可以用黏合机压烫。粘衬前应注意衬的尺寸不要大于相应的衣片，确定合适的温度、压力和时间后再粘衬。无黏合机时，可用普通熨斗压烫，为防止熔胶粘在熨斗底部，可垫一层纸，垂直用力下压5～6s，熨斗温度控制在160～180℃。为使黏合均匀，每次将熨斗移开熨斗底宽的一半

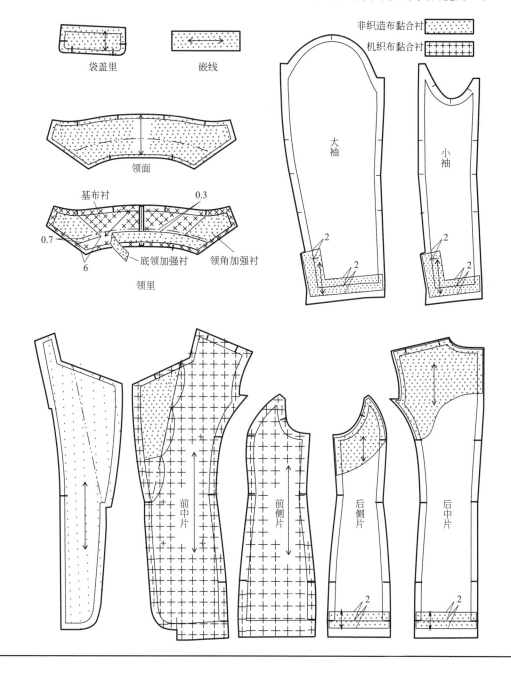

　　归拔时，在衣片上稍喷些水，将对称衣片正面相对，同时归拔，归拔后将衣片放在人台或人体的相应位置观察是否合体美观。归拔好的领里，沿翻折线折转并用环针手缝临时固定，以防在假缝试样过程中变形

　　归拔后，要核对衣片之间相应缝边的对位关系及长度，并修顺净缝线。上述工作完毕后需要将衣片在自然状态下静置一小时定型

打线丁及归拔

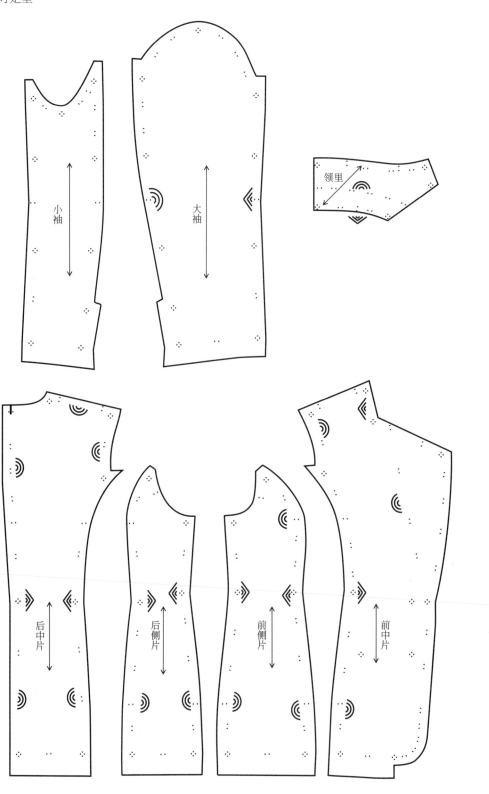

5.缝制工艺流程

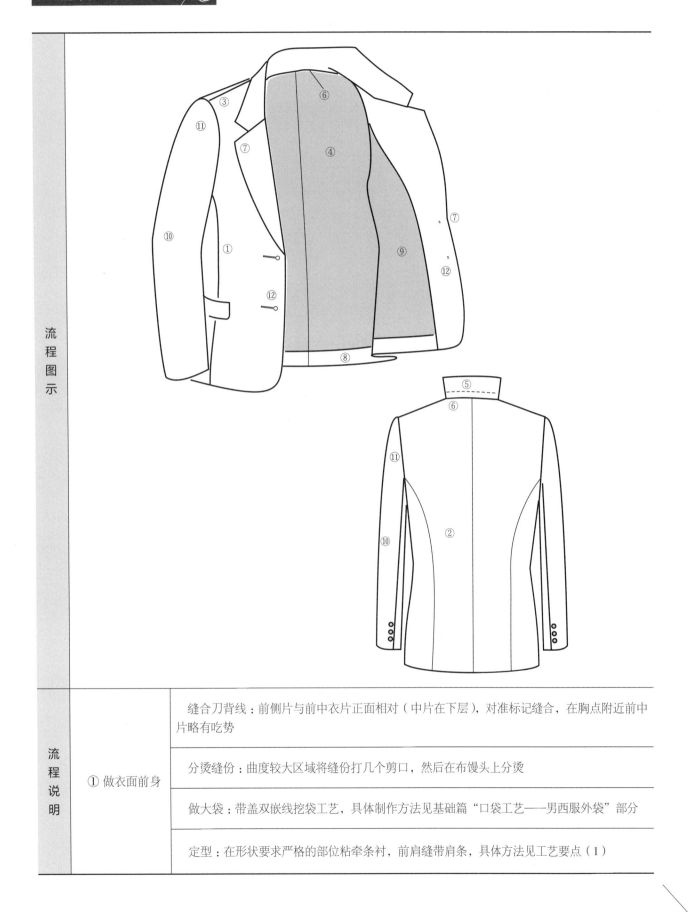

流程图示				
流程说明	① 做衣面前身	缝合刀背线：前侧片与前中衣片正面相对（中片在下层），对准标记缝合，在胸点附近前中片略有吃势		
		分烫缝份：曲度较大区域将缝份打几个剪口，然后在布馒头上分烫		
		做大袋：带盖双嵌线挖袋工艺，具体制作方法见基础篇"口袋工艺——男西服外袋"部分		
		定型：在形状要求严格的部位粘牵条衬，前肩缝带肩条，具体方法见工艺要点（1）		

续表

流程说明	② 做衣面后身	平缝刀背缝，后中片置于下层，对准刀背缝对位标记缝合，胸围线以上部分后中片略有吃势。刀背缝弧线处打几个剪口后，在布馒头上分烫缝份；然后合背缝，分烫缝份
	③ 合衣面肩缝	后衣片在下层，对准两端记号，拉长前肩线，将吃势均匀缝缩在中区。注意领口一侧只缝到净线，留出绱领缝份不缝；在布馒头上分烫缝份
	④ 缝制衣里	连接衣里各片，具体方法见工艺要点（2）
	⑤ 缝制领里	接缝领里后进行定型处理，具体方法见工艺要点（3）
	⑥ 绱领	分别绱领面、领里，具体方法见工艺要点（4）
	⑦ 做止口	钩缝止口、修剪止口、固定止口，具体方法见工艺要点（5）
	⑧ 做下摆	缝合衣里的下口与衣面的贴边，具体方法见工艺要点（6）
	⑨ 固定衣身	衣身缝制完成后，需要在必要的位置进行固定，具体方法见工艺要点（7）
	⑩ 做袖	缝制袖面与袖里，具体方法见工艺要点（8）
	⑪ 绱袖	包括绱袖面、绱垫肩、绱袖里，具体方法见工艺要点（9）
	⑫ 锁眼钉扣	锁眼：按照记号在门襟上锁圆头扣眼
		钉扣：钉扣需要线柱，具体方法见基础篇"手缝针法——钉针"部分
	⑬ 整烫	整烫前拔掉所有线丁，拆去表面绷缝线。整烫顺序为后身下摆、后中腰部、后背部、肩部、胸部、前腰部、大袋、下摆、止口、驳头、领子、袖子。要求止口及缝份要烫实，驳头翻折线从第一粒扣向上的1/3区域不能烫。熨烫时垫上烫布以免出现极光，熨烫完毕后将衣服挂在衣架上，散发潮气

6. 工艺要点

（1）衣面前身定型

粘牵条衬	为了防止驳头、前止口、袖窿等处在缝制及服用过程中发生变形，这些部位需要粘牵条衬加固。特别注意串口处牵条衬需要超过驳口线5cm，且这一段暂时不粘，待其他部位粘好后，将驳头沿驳口线翻折后再粘。前袖窿需要粘斜纱牵条衬，可以先将牵条衬绷缝在袖窿缝份上，然后熨烫粘牢
带肩条	裁剪1.5cm宽、与前肩线等长的横纱白布条，大针脚平缝于前肩线处，缝线在净线外侧0.2cm左右
图示	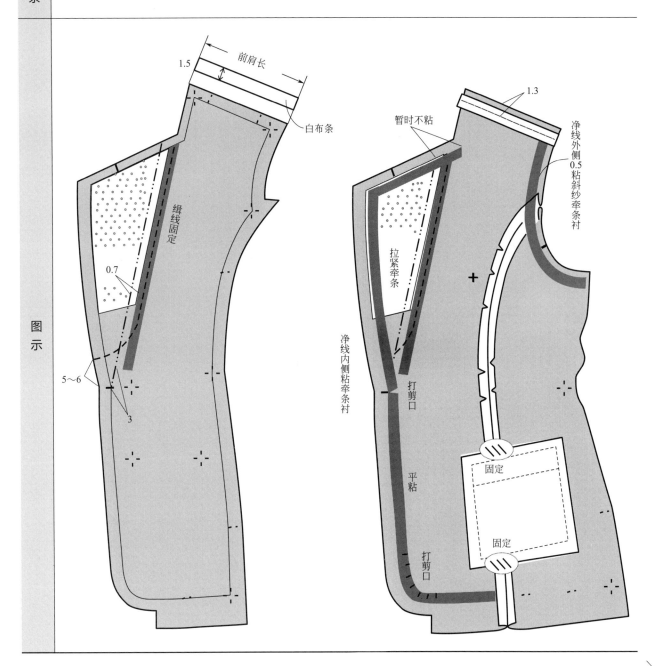

（2）缝制衣里

收省	缝合腰省、胸省，省缝倒向中线方向	
缝合挂面	衣里在下，对合记号缝合，中间袋口处不缝	
做里袋	里袋的制作方法见基础篇"口袋工艺——女西服里袋"部分	
合背缝	各段背缝按不同缝份缝合，熨烫时沿净缝线向一侧扣烫，腰节线以上部分留有活动量	
合肩缝	合肩缝时，后肩线吃势折叠在中间部位，缝份沿净缝倒向后片；平缝侧缝，缝份倒向后片，坐势0.2cm	

图中标注：3　0.2～0.3　1　后中片里（反）　0.2～0.3

（3）缝制领里

接缝领里	缝合领里中线，劈压缝固定缝份
	再沿翻折线绗缝牵条衬，注意在颈侧区域（SNP两侧）拉紧牵条；然后拔烫领里下口颈侧区域（注意两侧对称），再沿翻折线折转，压烫中区定型
领里定型	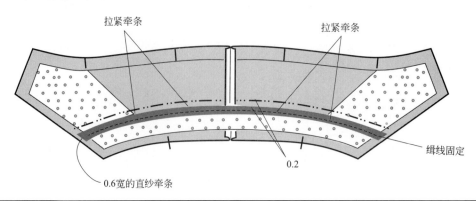

图中标注：拉紧牵条　拉紧牵条　0.2　缉线固定　0.6宽的直纱牵条

（4）绱领

检查画线	检查净线、记号是否齐全，检查位置的准确度，检查画线的清晰度 　　检查前衣片和挂面正面的领口净线、串口净线，领里、领面正反双面的串口线、绱领线、绱领对位点	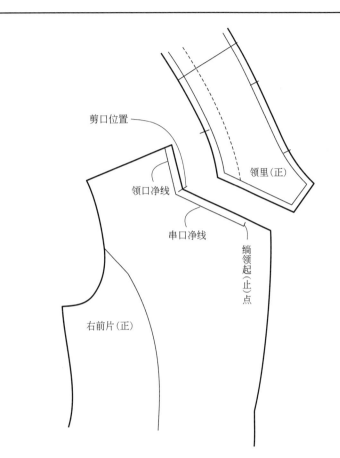 剪口位置 领口净线 串口净线 领里（正） 绱领起（止）点 右前片（正）
绱领里	领里在上，与衣身正面相对，比齐对位点，从一侧串口线装领点起缝，打回针；缝至转角处时缝针插入针孔固定缝件，在领口打剪口，拉直领口继续缝合；缝至对面转角处时，同样方法处理；最后缝合另一串口线至装领点，止针时打回针。在领里转角处修剪余角；串口及前领窝部分分烫缝份，其余部分倒向领底	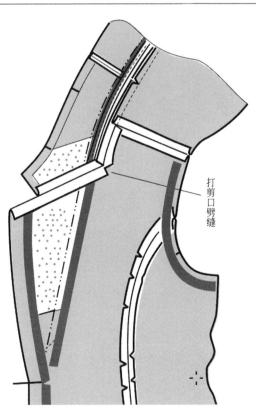 打剪口劈缝
绱领面	绱领面的方法与绱领里相同	

（5）做止口

钩缝止口	将衣身面、里正面相对，对准记号，由一侧摆角起缝，吃进衣面约0.3cm；门襟区域平缝，驳头部分吃进挂面约0.3cm；驳角处双向分别吃进挂面约0.2cm；缝至装领点停车、回针；将四层串口缝份翻至驳头一侧，比齐领止口，由净线处起缝，领角双向分别吃进领面约0.2cm；在颈侧区域，吃进领面约0.3cm；后中平车，另一侧对称缝至摆角	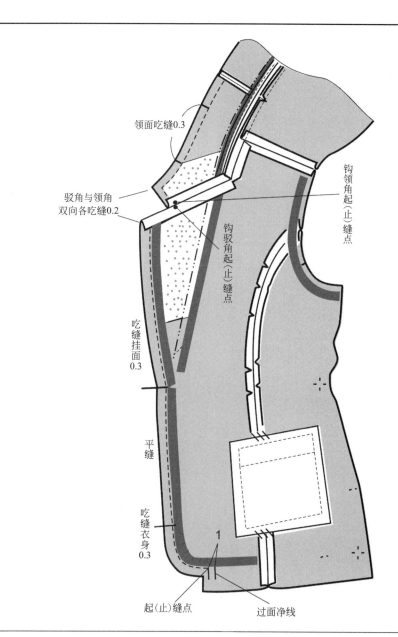
修剪缝份	将止口缝份梯次修剪，驳角与领角处的缝份修成尖角状，使双向缝份扣倒后尽可能不重叠	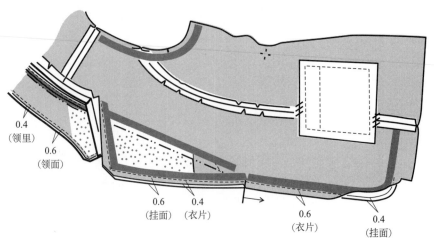

烫止口	止口缝份沿缝合线迹折转、压烫；由左（右）侧袖窿处翻出衣身至正面正，压烫止口。注意领面及挂面驳头区域反吐0.1cm，门襟区域衣面倒吐0.1cm。要求止口圆顺，不还口，熨烫平薄	
扳止口	衣身翻至反面，将门襟与驳头部分的止口缝份与衣身缭针固定	驳口点 0.1

（6）做下摆

合侧缝	缝合衣面侧缝，分烫缝份；缝合衣里侧缝，座烫缝份，留0.3cm掩皮	
缝下摆	从与挂面接缝处开始，将里子下摆逐渐拉至与衣面下口平齐（大约3cm之内），斜线过渡钩缝。注意里与面的各条纵向分割线对齐	挂面（反）　前片里（反） 起（止）缝点　　衣里与衣面下摆比齐缝合

（7）固定衣身

定驳口线	将驳头与领子沿翻折线折转，绕缝固定折边
定挂面	里、面朝上铺平前衣身，用大头针临时固定挂面与衣身，衣身翻回反面，将挂面里口中区的缝份与衣身缭针固定；沿装领线手针固定领里、领面的缝份
定下摆	衣身下摆贴边沿烫印折上，三角针固定贴边上口；翻至正面，衣里下摆留1cm掩皮，烫实
定腰部	理顺衣身与里子，在各纵向分割线缝份的腰部对应位置，都用手针重复缝几针，进行局部固定

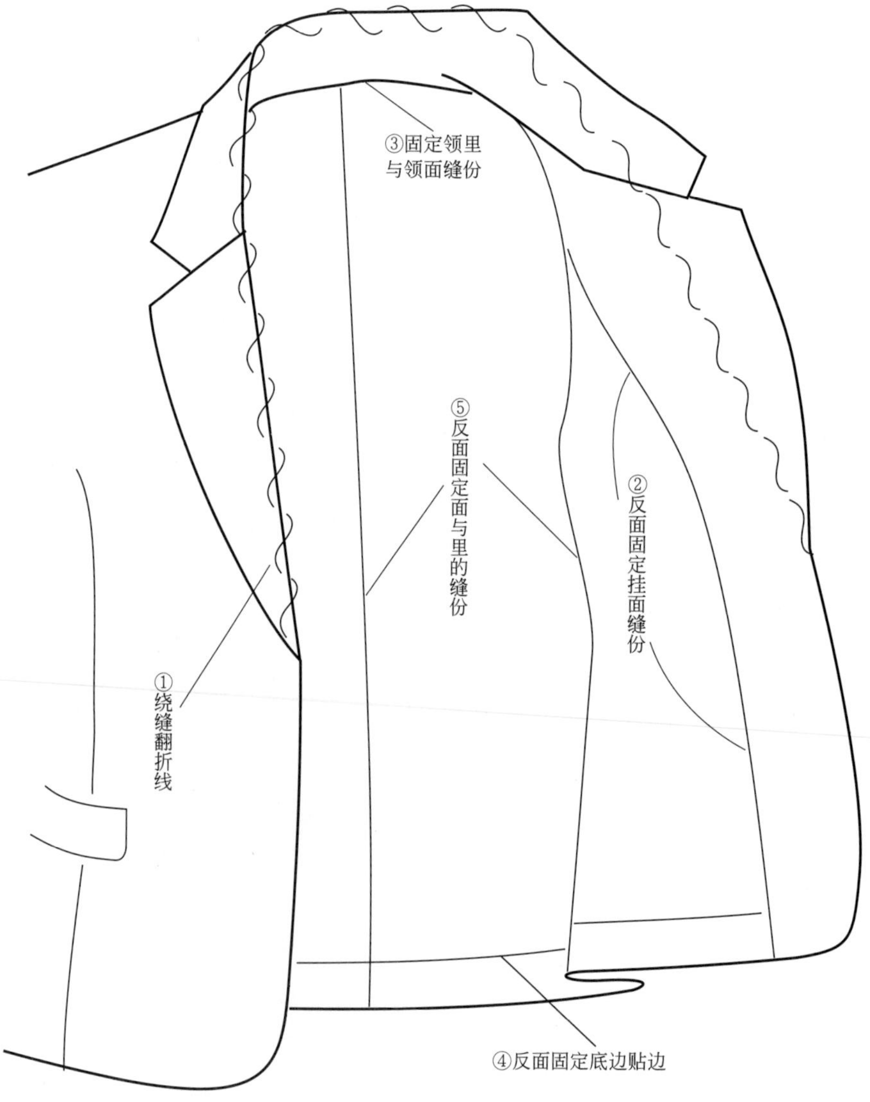

③固定领里与领面缝份

⑤反面固定面与里的缝份

②反面固定挂面缝份

①绕缝翻折线

④反面固定底边贴边

（8）做袖

先归拔大袖片，再车缝后袖缝。缝合时大袖片在下层，对准记号，肘线区域吃缝大袖，向下顺缉袖衩；小袖衩转角处打剪口后，分烫后袖缝，袖衩倒向大袖，并沿记号扣烫袖口贴边；然后车缝前袖缝，小袖片置于下层，对齐对位标记，拔开大袖肘线区域，分烫袖缝

做袖面

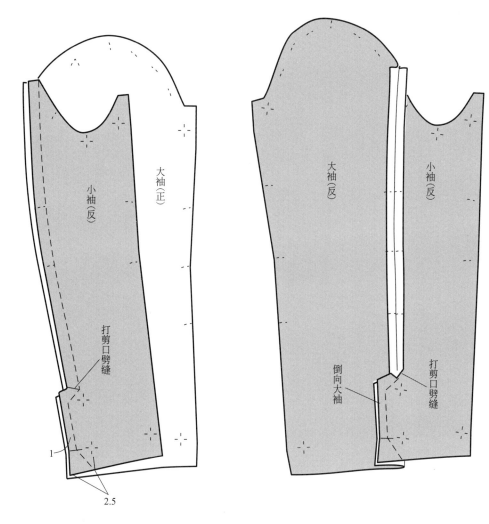

分别缝合袖里的前、后袖缝，比预留的缝份少缝0.2cm，沿净线向小袖一侧倒烫缝份，形成0.2cm的掩皮，注意左侧袖里的前袖缝只缝合上下两端，中间区域留出约20cm不缝，以便绱袖里

做袖里

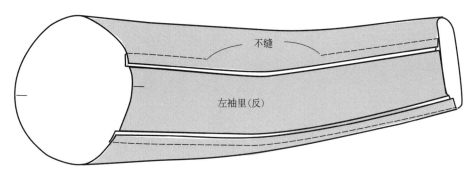

合袖口	将袖里、袖面正面相对套合（袖面在外），比齐袖口，车缝一周；袖口贴边沿烫印折转，三角针固定贴边上口；再将袖里翻正，袖口留出1cm掩皮，烫实	
定袖缝	前后袖缝的肘线外，需要用手针将里、面对应缝份固定；然后在距袖肥线约8cm处绷缝一周，理顺袖里与袖面，修剪里子袖山缝份	
缩缝袖山	袖里大针脚机缝抽缩袖山吃势；袖面用1.5cm宽度的斜纱白布条缝缩吃势，布条比袖窿长度短2cm，根据各区域吃势大小调整拉伸布条的力度。缩缝好的袖山应该与袖窿基本等长，在铁凳或袖山烫板上将袖山头熨烫圆顺饱满	

（9）绱袖

绱袖面	将衣身翻至里子朝外，袖子正面朝外，袖子在上层，对准袖山与袖窿对位点，先用手针绷缝或大针脚机缝固定净线外0.2cm位置；正面检查绱袖情况，位置与吃势分布均合适的话，可以正式绱袖
装袖山垫条	为增加袖山的饱满度，需要裁配与大袖山弧长相等、宽为2.5cm的针刺棉作为袖山垫条；山垫条缝在袖山缝份上，边缘比袖缝份缩进0.2cm，前后位置以肩缝为界，向外距净缝线0.2cm车缝袖山垫条
装垫肩	将衣服翻正，垫肩装入肩部夹层，外口与袖窿缝份比齐，最厚处与肩缝对齐，从正面手针固定肩部，然后翻至反面，将垫肩与肩缝缝份手针固定；然后用倒钩针将垫肩与袖窿缝份固定牢，但要注意缝线不宜拉紧
绱袖里	先从右袖窿翻出左袖里与左袖窿，对准记号机缝绱袖；再从右袖里开口处翻出右袖里与右袖窿，对准记号机缝绱袖；然后将山头区域的袖里缝份固定在垫肩与衣身袖窿上；最后正面缉缝袖缝开口

7. 成品工艺要求

项目		工艺要求
规格	衣长	允许误差：±1cm
	袖长	允许误差：±0.5cm
	肩宽	允许误差：±0.6cm
	胸围	允许误差：±2cm
	领围	允许误差：±0.6cm
领		领角、驳头对称、窝服，串口顺直，里外平薄，止口不反吐
衣身		肩头平服，衣身丝绺顺直，胸部饱满，吸腰自然，止口平薄、顺直，下摆窝服，锁眼、钉扣方法正确，位置准确
袋		大袋袋盖丝绺正确、贴体，美观对称，袋布平服，袋口两端方正，牢而无毛，无裥
袖		绱袖位置准确，袖山饱满、圆顺、吃势均匀、无皱，袖面平服不起吊，垫肩位置合适，缝钉牢固
里子		装配适当，袖口、下摆留掩皮1cm左右，背缝、侧缝留有掩皮，与衣面固定无遗漏
锁眼钉扣		扣眼位置正确，大小合适，针迹均匀；钉扣牢固，线柱符合要求，位置正确
整烫效果		外形挺括，分割线顺直、美观、无线头、无污渍、无黄斑、无极光、无水渍

十一、男西服工艺

1. 款式说明

男西服造型比较合体，款式也有所变化。通常西服可以按领型不同分为平驳领西服、戗驳领西服和青果领西服等；按搭门宽度的不同可分为单排扣西服和双排扣西服；按适用场合不同可分为正装西服和休闲西服。比较典型的款式是平驳领单排扣西服，现以这类西服为例说明其缝制工艺。

经典的男西服，半紧身造型，平驳领，单排两粒扣，圆角下摆；前身左右各收一个腰省，左右腹部各挖一个带盖大袋，左胸部设一手巾袋；后中破缝，圆装袖，袖口开衩并钉有三粒装饰扣；领面为分领座。

2. 材料准备

材料准备	面料	面料选择：面料材质适合选择毛织物、混纺织物或化纤类织物等。经典的三件套装（马甲、西裤、西服）多采用深色高级精纺毛料制成，如黑色、藏青色和深灰色，也可以选择素色或细条纹的面料
		面料用量：幅宽144cm，用料长＝衣长＋袖长+25～30cm，约为165cm
	里料	里料选择：与面料材质、色泽、厚度相匹配的光滑里料
		里料用量：幅宽144cm，用料长＝衣长＋袖长+10cm，约为145cm
	衬料	（1）机织布黏合衬：幅宽90cm，用量为衣长×2，约为150cm
		（2）非织造布黏合衬：幅宽90cm，用量50cm
		（3）黑炭衬：幅宽90cm，用量50cm
		（4）胸绒：1对
		（5）领底呢：50cm×15cm（正斜方向）
		（6）直纱牵条：约300cm
		（7）斜纱牵条：约60cm
	辅料	（1）纽扣：准备2.2cm纽扣三粒（备用1粒），1.6cm纽扣8粒（备用2粒），材质及颜色与所用面料相符
		（2）垫肩：1.5cm厚男西服垫肩1副
		（3）弹袖棉条：弹袖棉条成品1对，或者准备35cm×35cm的毛毡衬
		（4）缝线：准备与使用布料颜色及材质相符的机缝线；打线丁用白棉线少量
		（5）袋布：适量（也可用里子布代替）
		（6）打板纸：整张绘图纸5张

3. 结构制图与纸样

（1）西服原型结构

制图规格 （cm）	号/型	胸围（B）	臀围（H）	衣长（L）	袖长（SL）	袖口（CW）	底领宽（a）	翻领宽（b）
	170/88A	88+16	90+12	72	58.5	14.5	2.5	3.5

以男装衣身原型为基础，适当调整后确定男西服原型

（2）男西服衣片结构

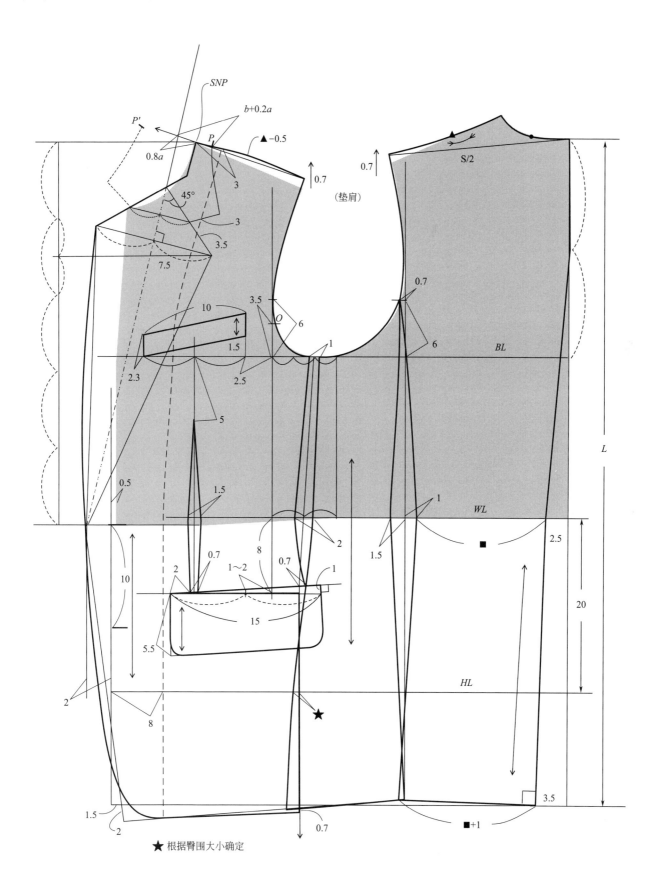

★根据臀围大小确定

（3）领片结构制图与纸样调整

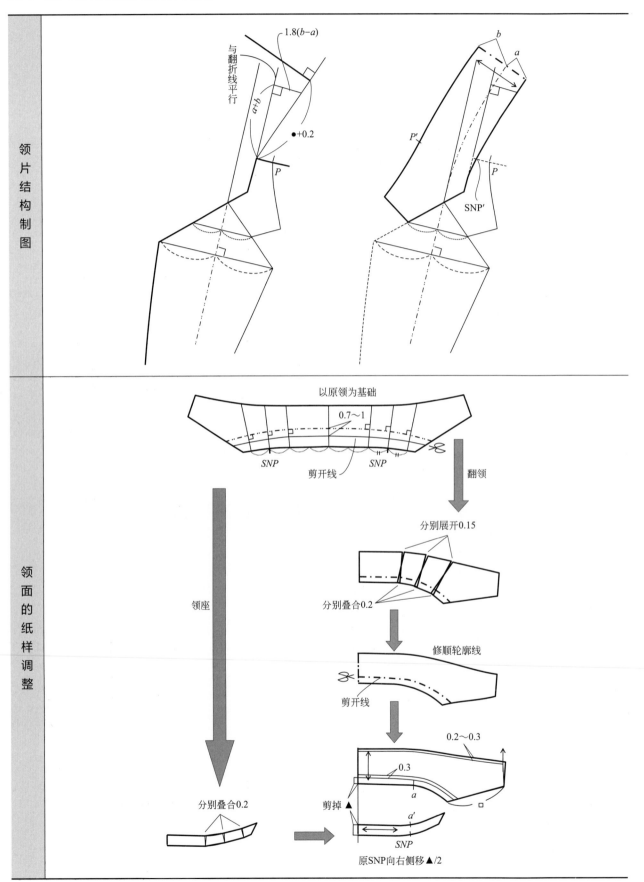

（4）袖片结构制图

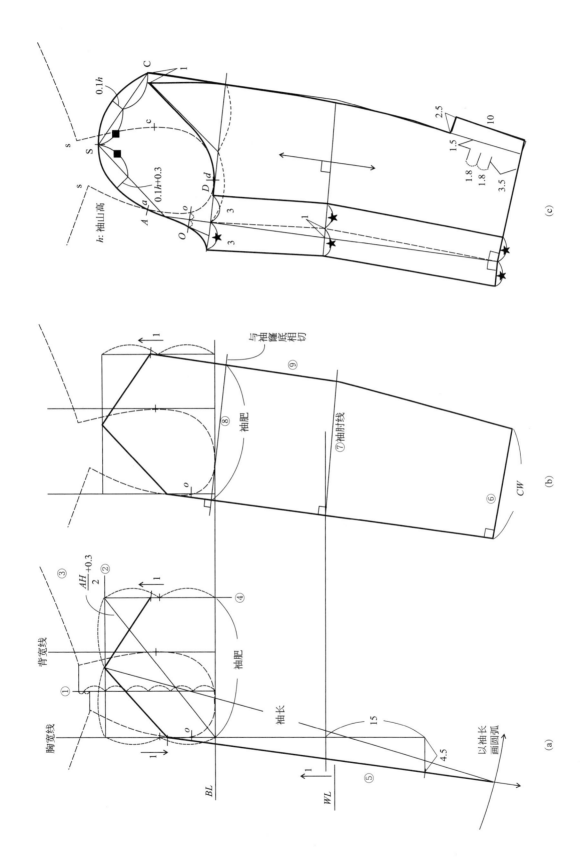

（5）挂面纸样的调整

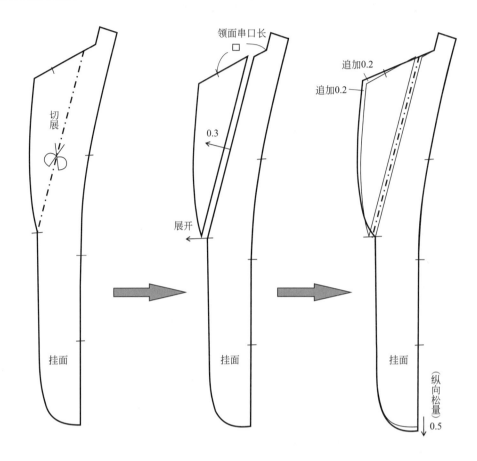

（6）衣里内袋的确定

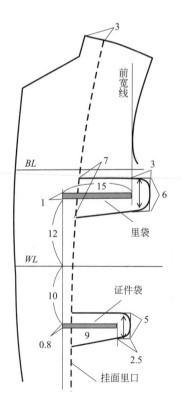

4.纸样检查 ✂

（1）规格检查及缝合对位确认

规格检查	纸样规格尺寸的检查与确认
衣片间 的确认	
纸样间缝合对位 及尺寸的确认	
袖片间 的确认	

（2）纸样间圆顺度的确认

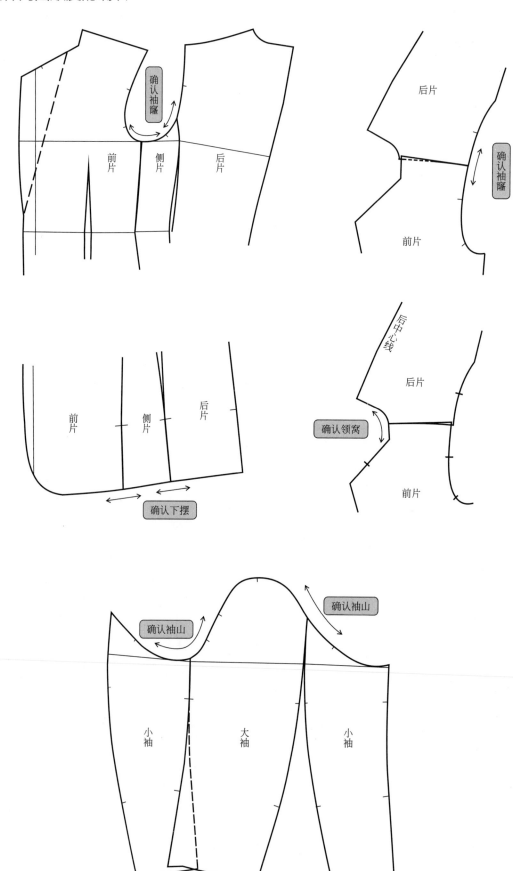

（3）装配对应关系的确认

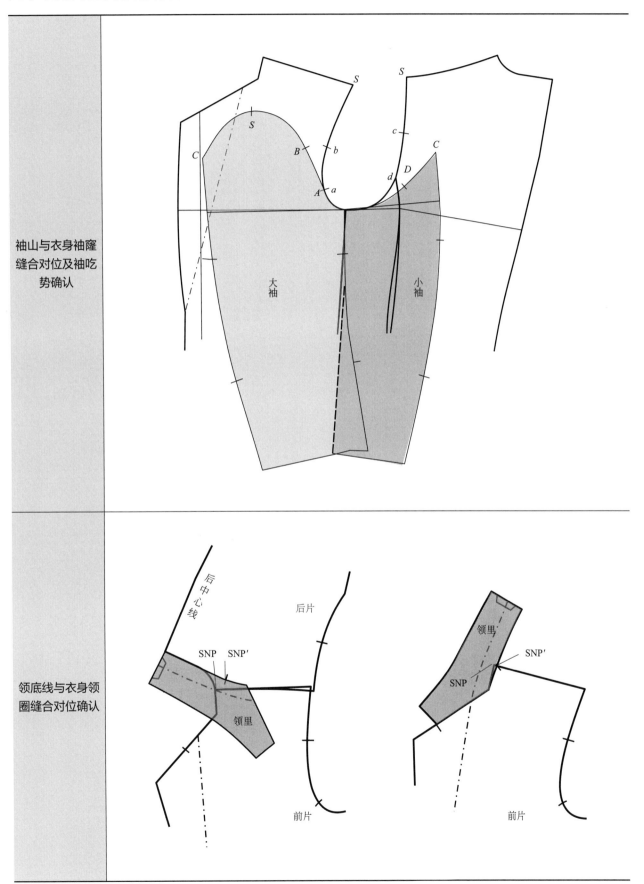

袖山与衣身袖窿
缝合对位及袖吃
势确认

领底线与衣身领
圈缝合对位确认

5. 毛样板的制作

（1）面料样板的制作

图中未标明的部位放缝量均为1.2cm。

衣身与袖片的放缝

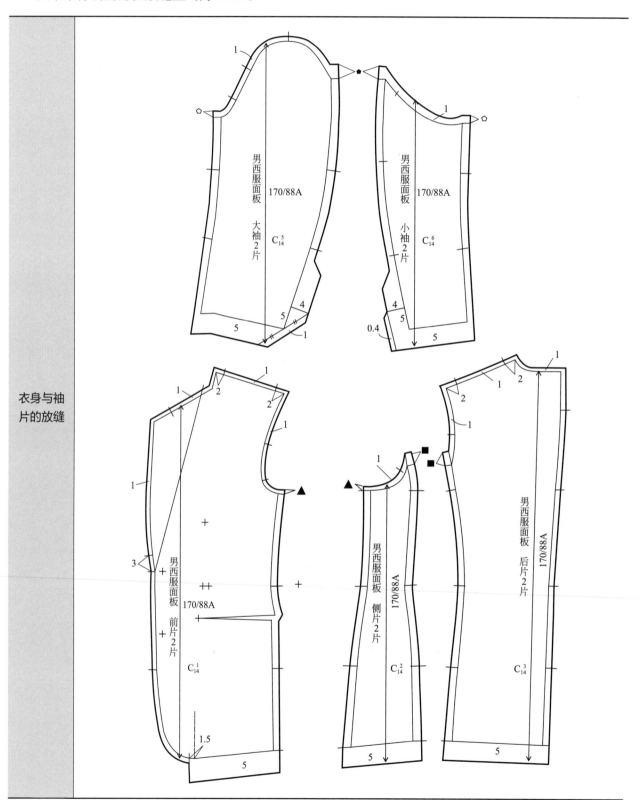

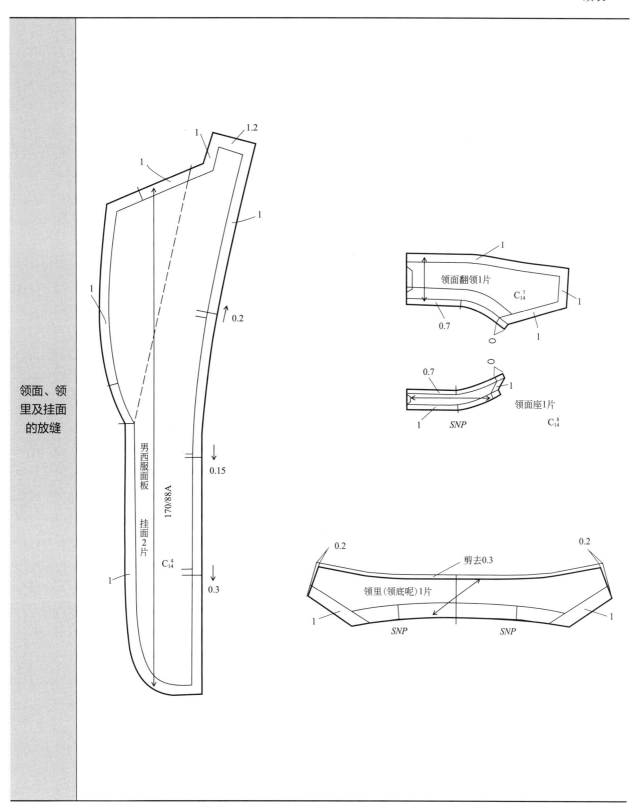

领面、领里及挂面的放缝

领面翻领1片 C_{14}^7

领面座1片 C_{14}^8

SNP

领里(领底呢)1片

剪去0.3

SNP   SNP

男西服面板

挂面 2 片

170/88A

C_{14}^4

（2）里料样板的放缝

图中未标明的部位放缝量均为1.5cm。

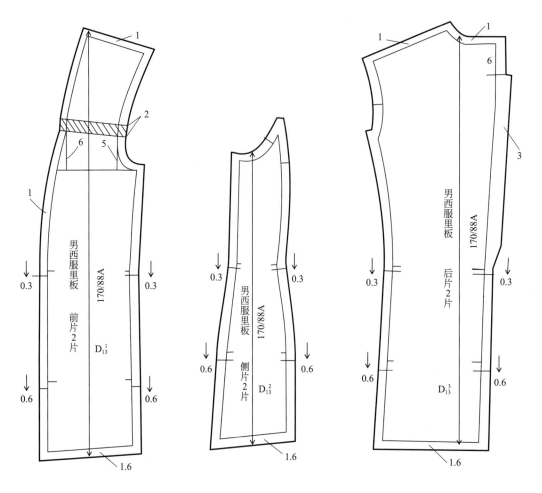

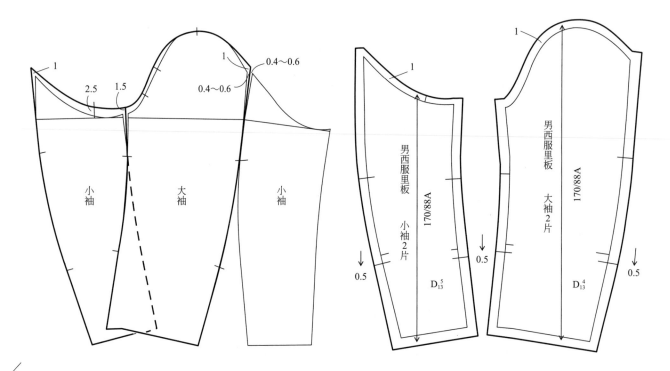

（3）衬料样板的制作

以衣片裁剪样板为基础配制衬料样板。为防止粘衬时胶粒粘在其他衣片或机器的传送带上，衬的边沿要比相应的衣片缩进0.3～0.5cm。其中挂面衬可用机织布黏合衬，也可用非织造布黏合衬

机织布黏合衬的样板

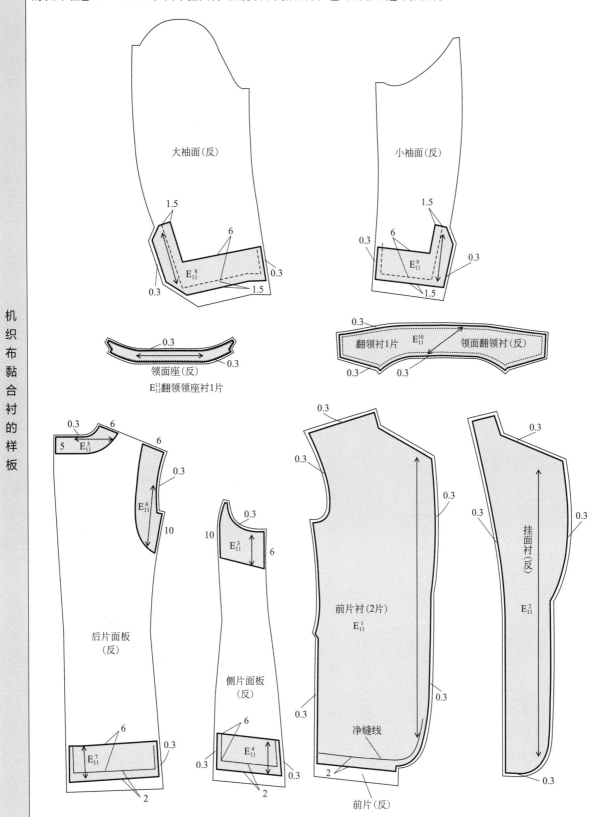

挺胸衬选用黑炭衬，胸绒选用针刺棉。需要说明的是现在市场上有做好的成品胸衬，如能买到就不需要配制该样板

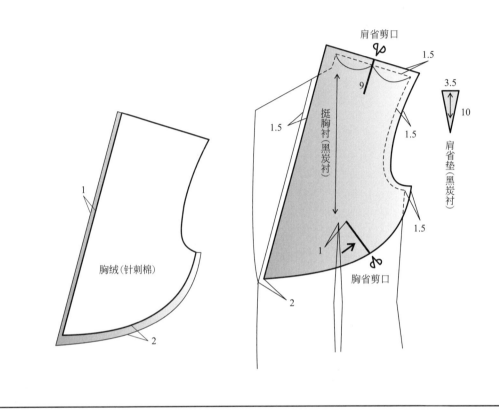

（4）部件样板的制作

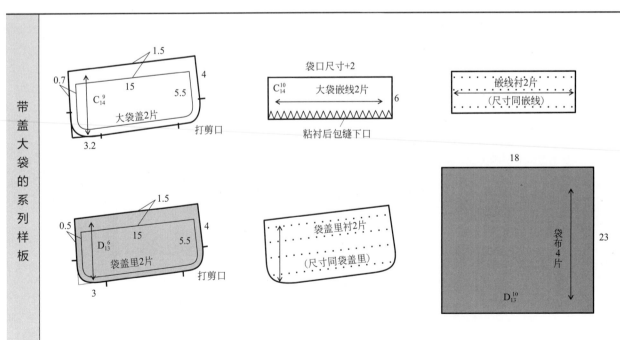

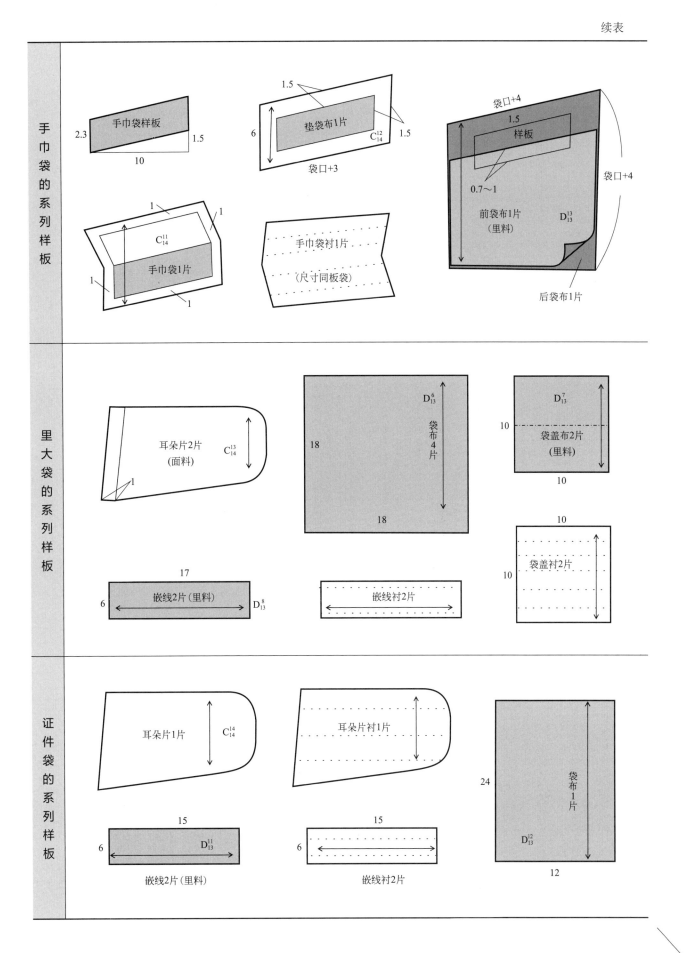

6. 排料

（1）面料排料

面料样板编号代码为C。

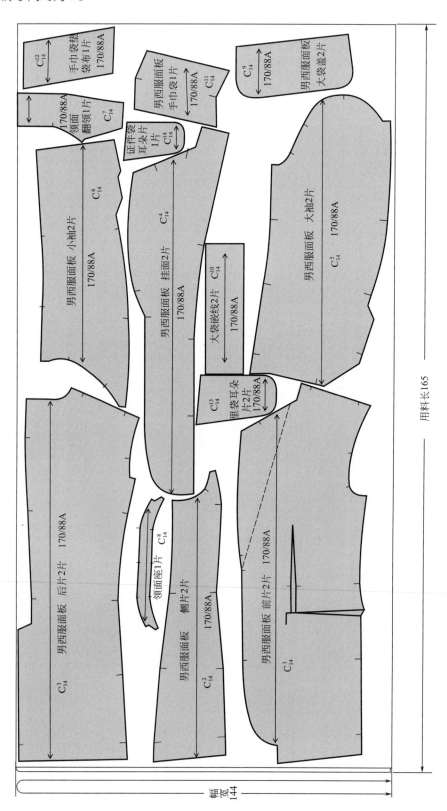

（2）里料排料

里料样板编号代码为D。

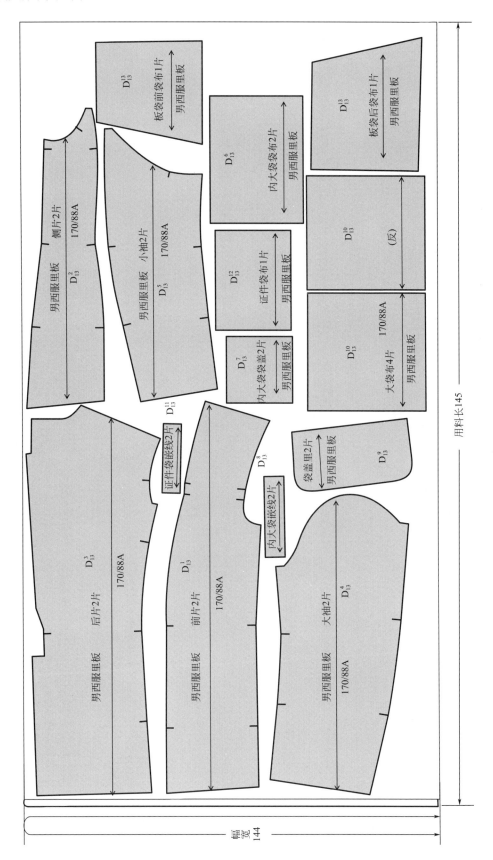

（3）衬料排料

衬料样板编号代码为E。

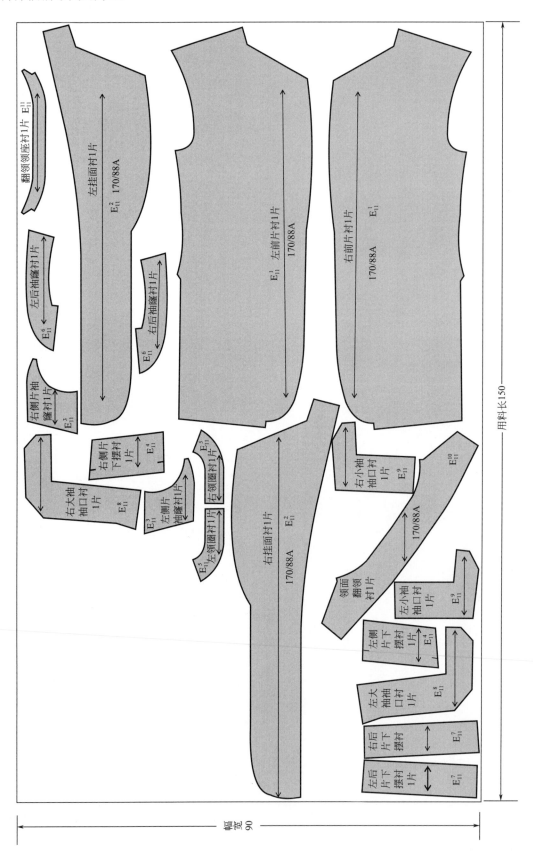

7. 假缝试样

简介	假缝是指为了后续试样而用坯布或实物面料按一定的程序和方法缝合起来的做法。缝合可采用手缝或机缝，也可采用两者相结合的方法进行。但机缝针迹密度要比一般机缝小，取6~8针/3cm。假缝完成的西服由穿着者试穿，试穿时要观察服装的宽松量，同时要观察零部件的设计与服装整体款式以及长宽和上下、左右位置关系是否协调。如果在围度上过量，需要把肥大部位的缝线拆掉，收小后用大头针别定；如衣长偏短，同样要把相关位置的缝线拆开放长后用大头针固定，在进行缩放等修改时要注意左右对称。此外，还要仔细观察袖肥、袖长、袖山高是否适宜，领子是否合适

假缝工艺流程	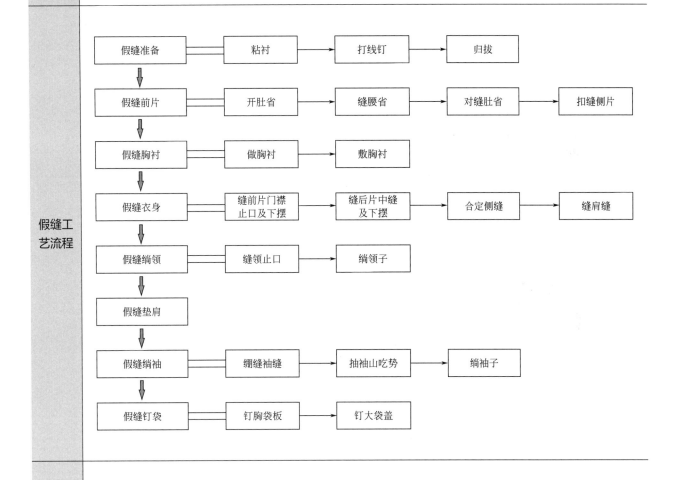

假缝准备	粘衬：根据配衬要求，将需要的部位粘衬
	打线丁：各裁片需要明确位置的部位打线丁，具体方法见基础篇"手缝针法——打线丁"部分
	归拔裁片：根据塑型要求，在裁片的相应部位进行归拔，具体方法见基础篇"熨烫基础——归拔技法"部分

（1）打线丁及归拔

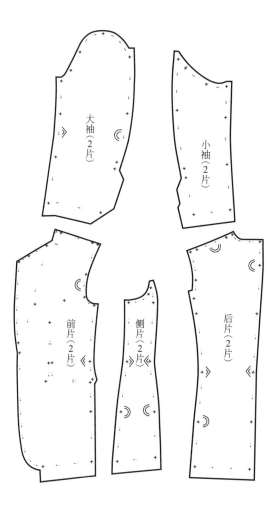

（2）假缝前片

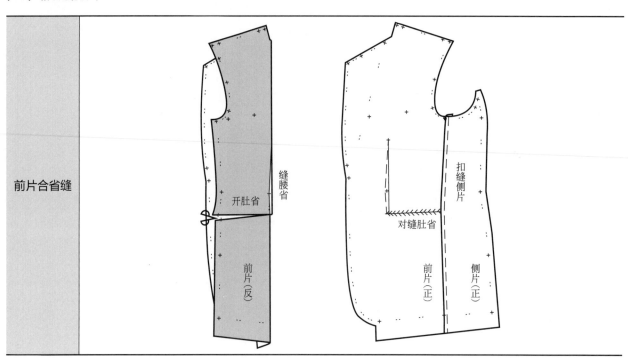

（3）假缝胸衬

做胸衬。胸衬由挺胸衬、胸绒、盖肩衬组成，其中挺胸衬需要收胸省、开肩省，经过归拔后与胸绒、盖肩衬纳缝固定

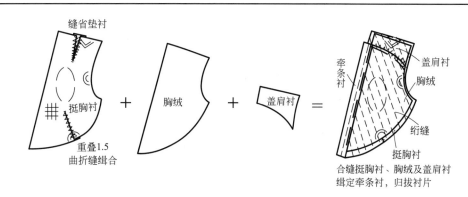

做好的胸衬置于前衣片反面，胸绒朝上，用熨斗将胸衬的驳口牵条衬粘在衣片上

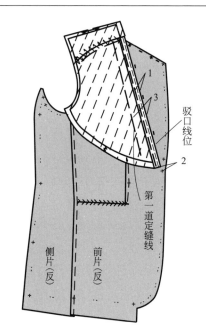

衣片正面朝上，下面垫一个扁圆形的物体，使胸部呈现立体状态，也使得衬与衣片紧密贴合。敷胸衬需要缝四条线：从肩缝下10cm距驳口线3cm处开始，用棉线绷缝第一道线；沿腰省缝口向上绷缝第二道线；依次绷缝第三道线、第四道线。绷缝时，注意将衣片向驳口线与串口线交点方向拉出一些，使肩部平挺

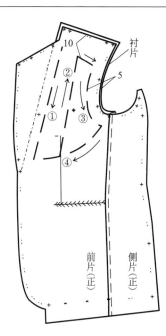

（4）假缝衣身

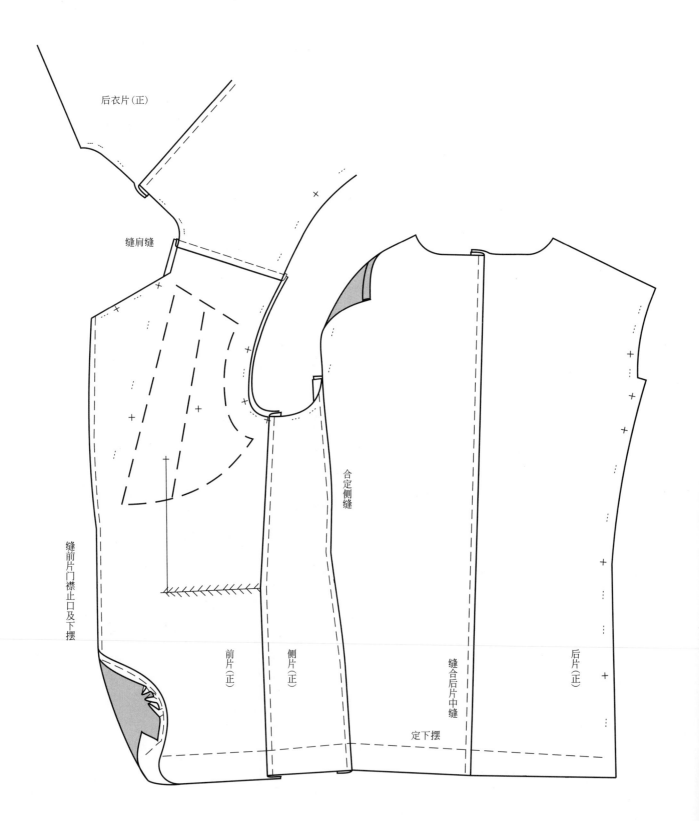

后衣片（正）

缝肩缝

合定侧缝

缝前片门襟止口及下摆

前片（正）

侧片（正）

缝合后片中缝

后片（正）

定下摆

（5）假缝绱领

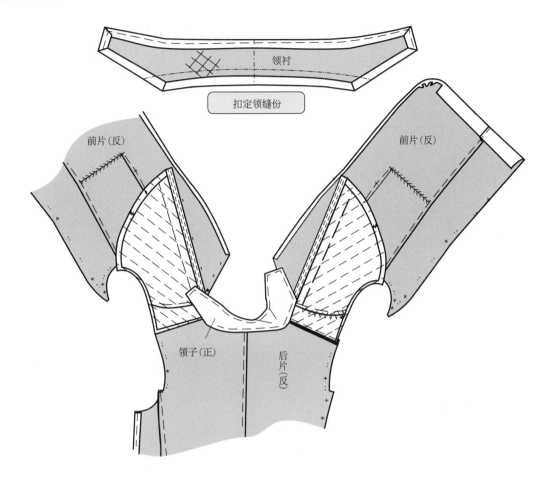

（6）假缝垫肩

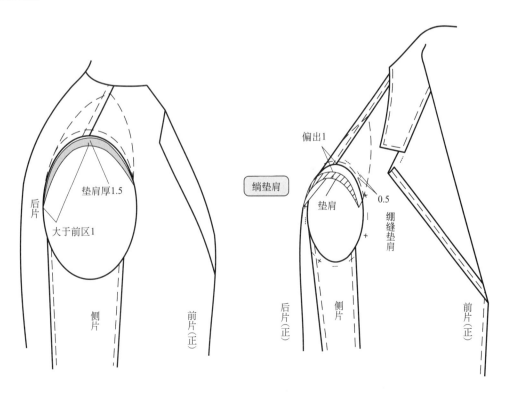

（7）假缝绱袖及假缝钉袋

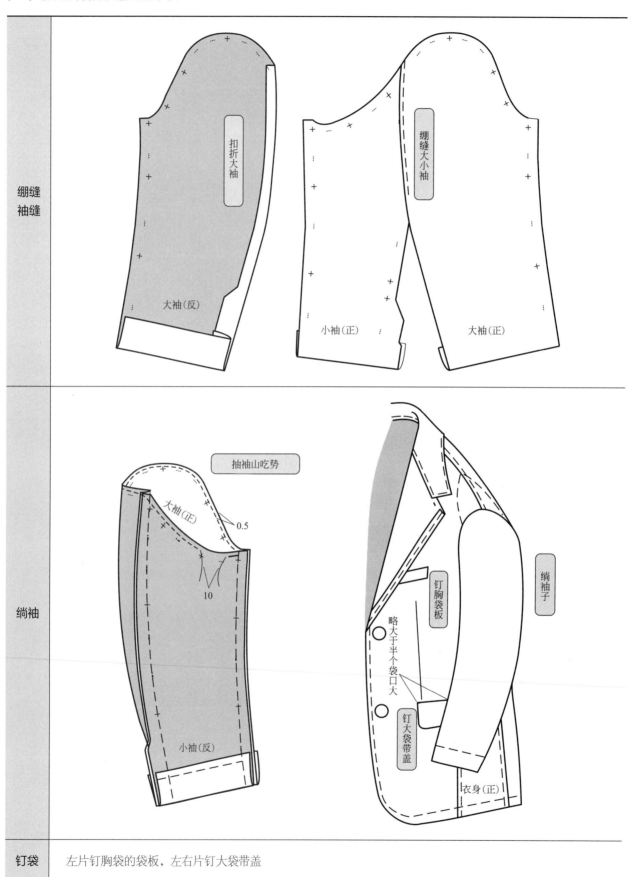

绷缝
袖缝

扣折大袖

绷缝大小袖

大袖（反）

小袖（正）　　　大袖（正）

绱袖

抽袖山吃势

大袖（正）　0.5

10

小袖（反）

钉胸袋板

绱袖子

略大于半个袋口大

钉大袋带盖

衣身（正）

钉袋　　左片钉胸袋的袋板，左右片钉大袋带盖

8. 缝制工艺流程

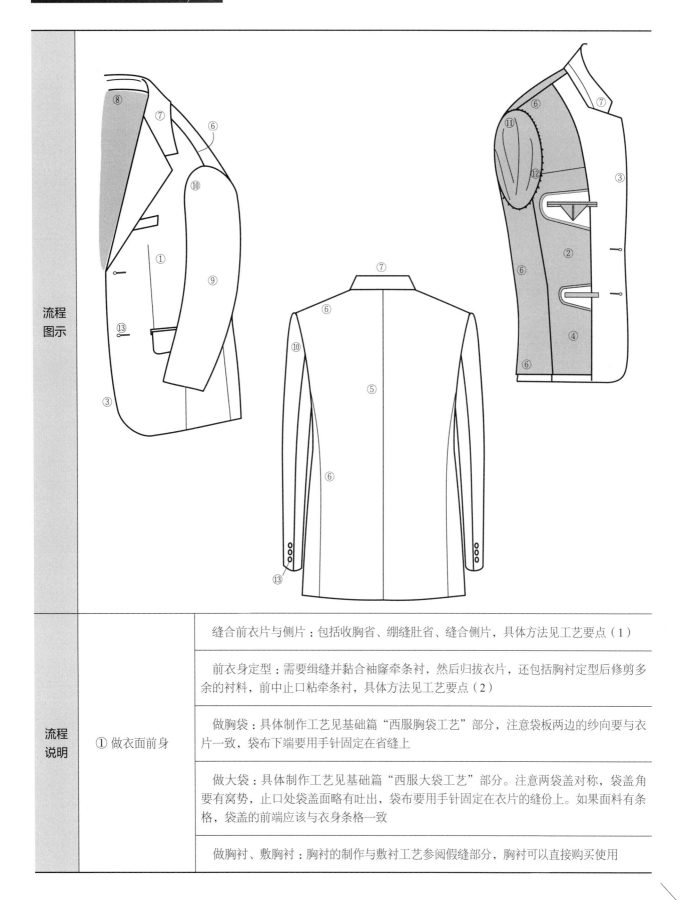

流程图示		
流程说明	① 做衣面前身	缝合前衣片与侧片：包括收胸省、绷缝肚省、缝合侧片，具体方法见工艺要点（1）
		前衣身定型：需要缉缝并黏合袖窿牵条衬，然后归拔衣片，还包括胸衬定型后修剪多余的衬料，前中止口粘牵条衬，具体方法见工艺要点（2）
		做胸袋：具体制作工艺见基础篇"西服胸袋工艺"部分，注意袋板两边的纱向要与衣片一致，袋布下端要用手针固定在省缝上
		做大袋：具体制作工艺见基础篇"西服大袋工艺"部分。注意两袋盖对称，袋盖角要有窝势，止口处袋盖面略有吐出，袋布要用手针固定在衣片的缝份上。如果面料有条格，袋盖的前端应该与衣身条格一致
		做胸衬、敷胸衬：胸衬的制作与敷衬工艺参阅假缝部分，胸衬可以直接购买使用

流程说明	① 做衣面前身	熨烫前衣片：将前衣片正面向上，在布馒头上熨烫肩部，然后熨烫胸部和止口，使胸衬与前胸饱满服帖，止口处丝缕顺直
		粘牵条衬：做好的前衣片沿止口粘牵条衬
	② 做衣里前身	接缝挂面：包括衣里叠褶，做耳朵片，缝合前身衣里与挂面，具体方法见工艺要点（3）
		做里袋：做两侧里袋，具体方法见基础篇"西服里袋工艺"，左里片做证件袋，具体方法参考基础篇"夹克衫里袋工艺"
		接缝侧片：缝合前片里与侧片里，注意缝份只缝1.2cm，，起止针打回车；将缝份沿净线座倒烫，留0.3cm作为松量（掩皮）
	③ 敷挂面	做好的衣面前身与衣里前身做净止口，具体方法见工艺要点（4）
	④ 固定前身	在需要的部位将衣里与衣身进行局部固定，具体方法见工艺要点（5）
	⑤ 做后身	分别制作衣面、衣里的后身，具体方法见工艺要点（6）
	⑥ 接缝前后衣身	接缝后侧缝：缝合衣面的后侧缝，分烫缝份，扣烫下摆贴边；缝合衣里后侧缝，倒烫缝份，注意留掩皮
		接缝下摆：翻正衣里、衣面，理顺后由后身里与面之间处掏出下摆，对齐各个缝口，缝合下摆，缝份1cm
		固定衣身：整个衣身需要局部固定面与里，具体方法见工艺要点（7）
		接缝肩缝：分别接缝衣里、衣面的肩缝，具体方法见工艺要点（8）
	⑦ 做领	接缝领面，领底呢做领工艺，具体方法见工艺要点（9）
	⑧ 绱领	分别绱领面、领里，具体方法见工艺要点（10）
	⑨ 做袖	包括做袖衩、合袖缝、固定袖里与袖面、缩缝袖山吃势，见工艺要点（11）
	⑩ 绱袖面	袖面与衣身袖窿正面相对，袖面在上层缝合，具体方法见工艺要点（12）
	⑪ 绱垫肩	垫肩固定在衣面肩部，具体方法见工艺要点（13）
	⑫ 绱袖里	手缝绱袖里，具体方法见工艺要点（14）
	⑬ 锁眼钉扣	锁眼：按照记号在门襟上锁圆头扣眼
		钉扣：钉扣需要线柱，具体方法见基础篇"手缝针法——钉针"
	⑭ 整烫	男西服整烫工艺比较复杂，具体方法见工艺要点（15）

9. 工艺要点

（1）缝合前衣片与侧片

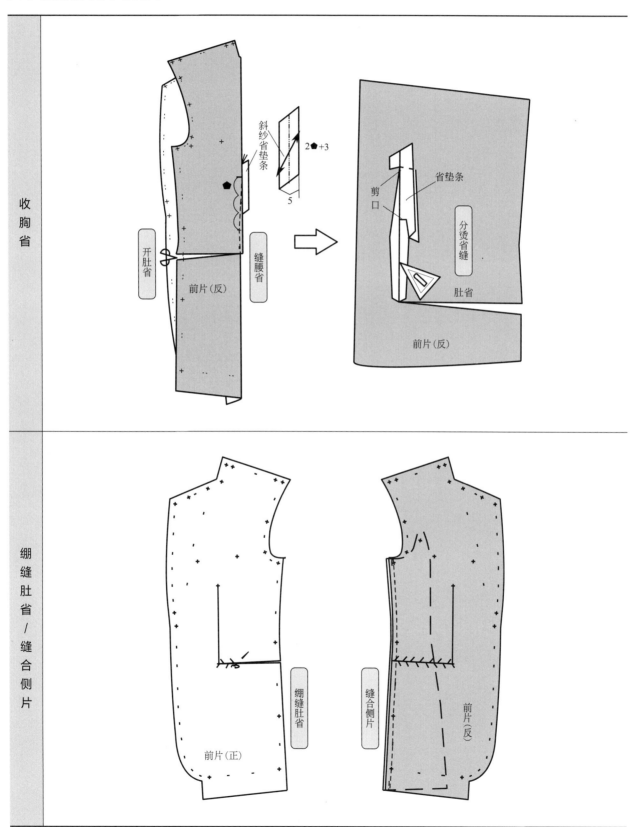

收胸省

斜纱省垫条

2●+3

5

开肚省

缝腰省

前片（反）

剪口

省垫条

分烫省缝

肚省

前片（反）

绷缝肚省／缝合侧片

前片（正）

绷缝肚省

缝合侧片

前片（反）

（2）前衣身定型

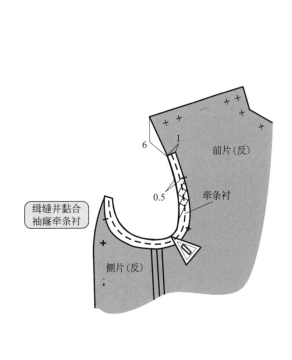

缉缝并黏合
袖窿牵条衬

6
1
0.5
牵条衬
前片（反）
侧片（反）

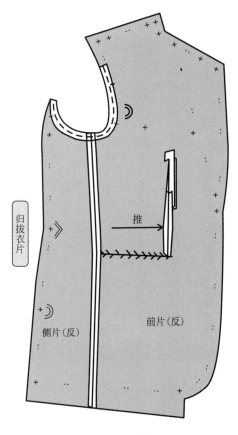

归拔衣片
推
侧片（反）
前片（反）

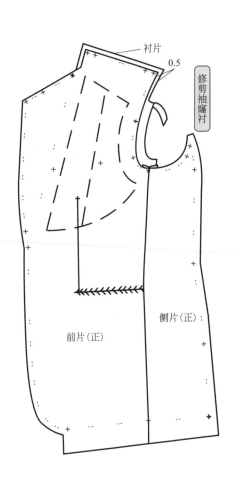

衬片
0.5
修剪袖窿衬
侧片（正）
前片（正）

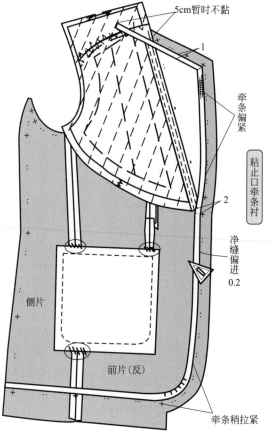

5cm暂时不黏
1
牵条偏紧
粘止口牵条衬
2
净缝偏进
0.2
侧片
前片（反）
牵条稍拉紧

（3）接缝挂面

固定横裆	按照记号折叠并缝合裆的两端，然后压烫定型	
做耳朵片	耳朵片需要用斜纱里布包滚边缘，包滚条采用骑缝的正反夹缝式；根据记号将包好边的耳朵片用大头针固定在里布上，然后沿滚条灌缝固定	

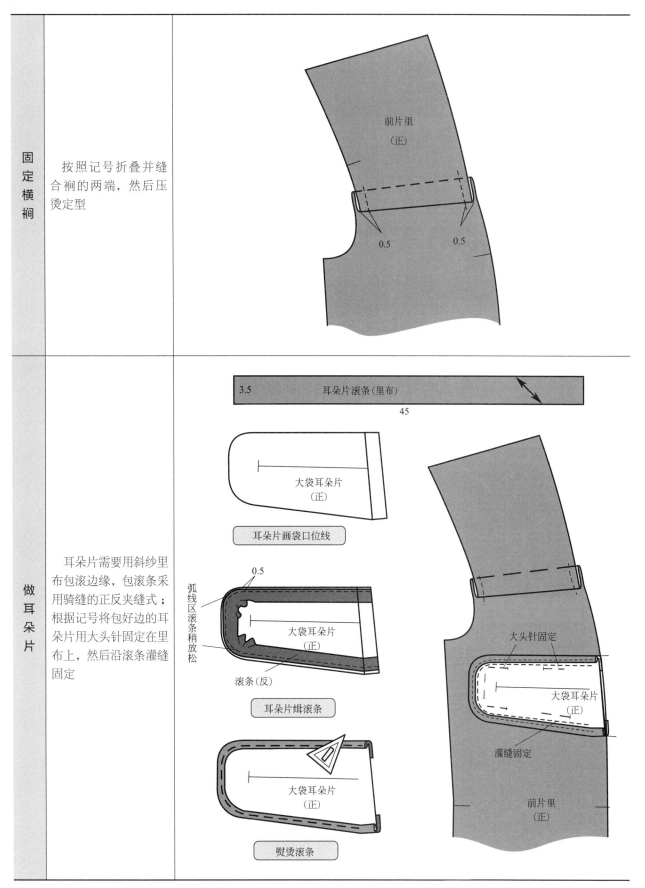

前片里（正）

0.5   0.5

3.5　耳朵片滚条（里布）
45

大袋耳朵片（正）

耳朵片画袋口位线

0.5
弧线区滚条稍放松

大袋耳朵片（正）

滚条（反）

耳朵片缉滚条

大袋耳朵片（正）

熨烫滚条

大头针固定

大袋耳朵片（正）

灌缝固定

前片里（正）

| 缝合挂面与里子 | 在挂面反面画出净线并修剪缝份，然后将前身里与挂面正面相对，挂面在上、对齐记号缝合，起止针回针

在下止点处将挂面缝份打剪口，剪口以下的缝份分烫，耳朵片部分分烫，其他部分缝份向里子一侧倒烫 | 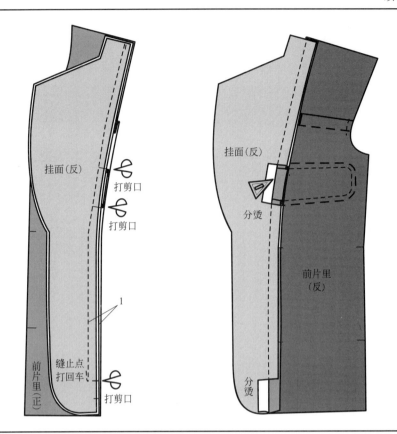 |

（4）敷挂面

| 绷定挂面 | 将挂面与前衣身门襟和驳头止口正面相对，相应对位点对齐，用手针或别针暂时固定 | 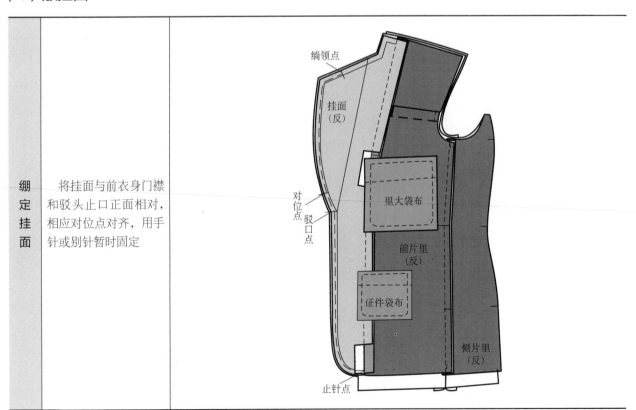 |

续表

机缝挂面	挂面在上,以驳口点为机缝起点,沿净缝线分别缝至绱领点和下摆止针点,注意起止针打回针	绱领点 挂面(反) 里大袋布 机缝起点 绷定线 证件袋布 前片里(反) 止针点
修剪缝份	以驳口点为界,以下门襟止口缝份衣身缝份不变,挂面缝份修成0.6cm,以上的驳头部分挂面缝份不变,衣身缝份修成0.6cm	绱领点 驳头(反) 0.6 1 里大袋布 1 挂面(反) 证件袋布 0.6 前片里(反) 侧片里(反)

烫止口	翻正挂面，整烫驳头、门襟止口。要求驳头部分挂面止口偏出0.2cm，门襟部分挂面止口要偏进0.2cm。之后将衣面、衣里下摆贴边分别向反面扣烫	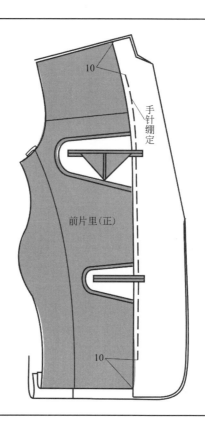

（5）固定前身

定扎挂面	按穿着状态将驳头沿翻折线折转，然后沿挂面里口将面、里手针固定；掀起里子露出挂面缝份，在图中画圈的位置用三角手针将缝份固定在衣面的机织布黏合衬上。注意定扎挂面时，上、下10cm之内不固定 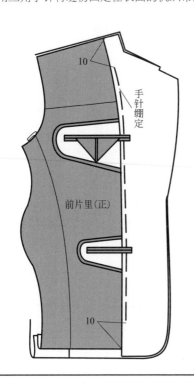 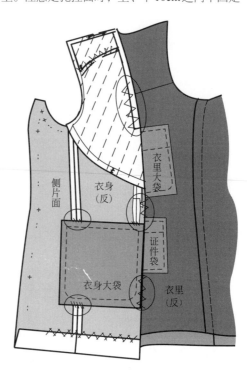

续表

| 绷定
衣身
面里 | 将衣片面、里手针绷缝固定
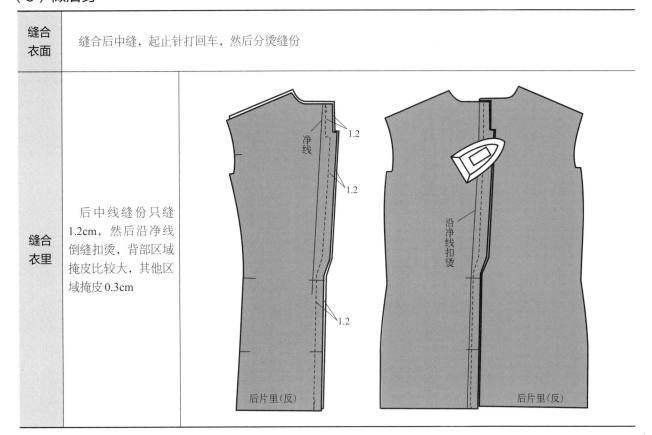 |

（6）做后身

缝合 衣面	缝合后中缝，起止针打回车，然后分烫缝份
缝合 衣里	后中线缝份只缝 1.2cm，然后沿净线 倒缝扣烫，背部区域 掩皮比较大，其他区 域掩皮0.3cm

（7）固定衣身

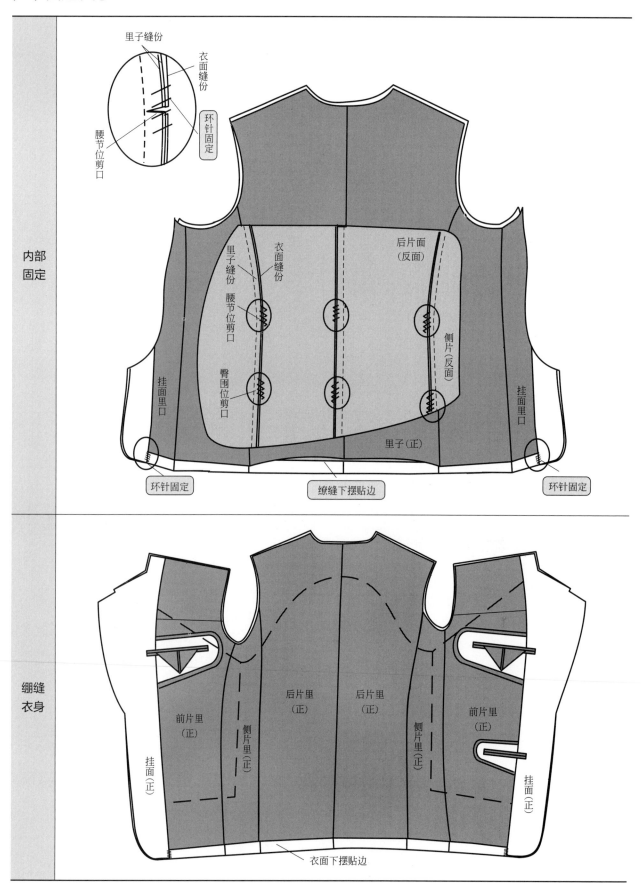

内部
固定

绷缝
衣身

（8）接缝肩缝

	后衣片在下层，对齐对位点缝合，起止针回针。注意不能缝住胸衬 将布馒头垫在肩缝下，分烫肩缝；注意后肩缝部位进行归拔，将肩缝烫成弓形状 将超出肩缝的胸衬缝在劈开的后肩缝份上 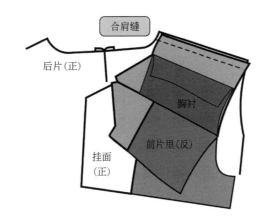
缝合 衣面 肩缝	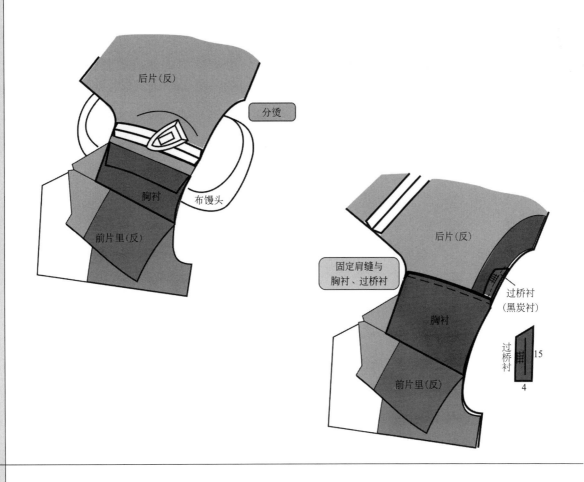
缝合 衣里 肩缝	缝合衣里肩缝，然后将缝份向后片方向烫倒。注意空出领口缝份不缝，便于绱领

（9）做领

做领面	在粘过衬的领面反面画净样线，然后在翻领正面距外口净线0.3cm处画线；缝合翻领与领座，缝份0.7cm，起止针打回车；分烫缝份，然后做劈压缝
做领底呢	领底呢反面粘衬，然后在领头反面搭缝里子布条（作为领底呢缝份）
合止口	领面与领底呢的止口搭缝，领底呢在上层，比齐领面正面的画线，先作大针脚绷缝，然后曲折缝；沿领底呢边缘钩缝领头至串口净线，倒回针；领子翻正，压烫止口，围出领的立体造型。借助缝制模板可以准确做出领角吃势、确保止口形状、简化工艺

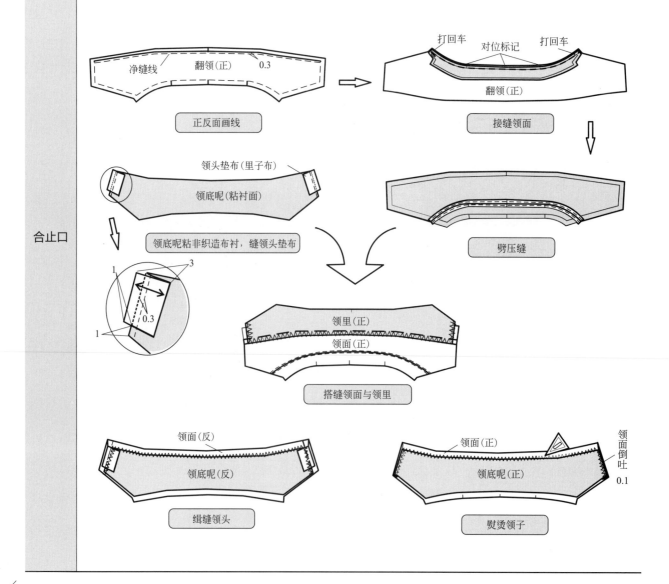

（10）绱领

绱领面	领面在上，衣里领圈在下，对位点对齐，从装领点起缝，缝至拐角处，机针插入缝件，将挂面拐角处缝份打深剪口，然后铺平上下层继续缝，注意起止针回针；然后将颈侧区域的领缝份打剪口	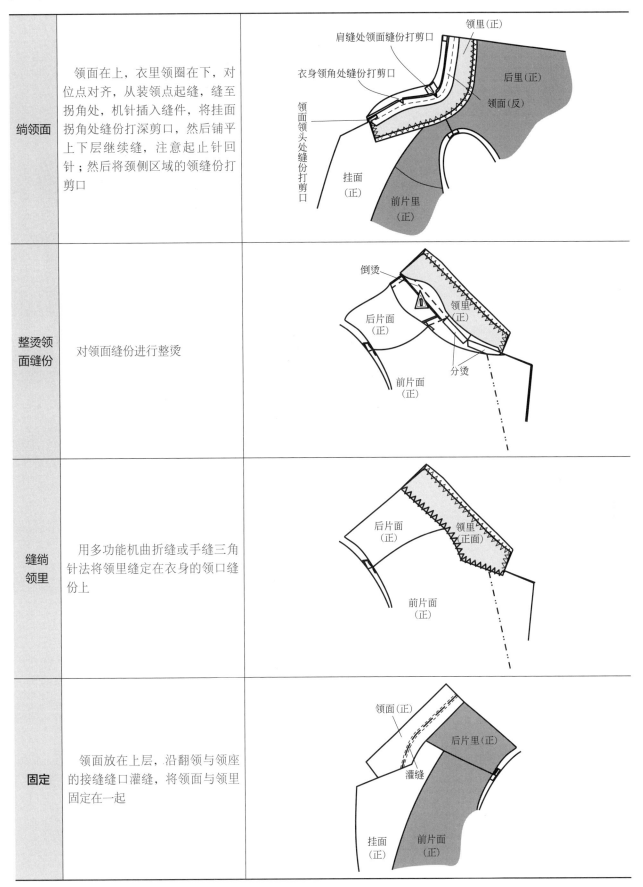
整烫领面缝份	对领面缝份进行整烫	
缝绱领里	用多功能机曲折缝或手缝三角针法将领里缝定在衣身的领口缝份上	
固定	领面放在上层，沿翻领与领座的接缝缝口灌缝，将领面与领里固定在一起	

（11）做袖

做袖衩	拼角式袖衩工艺，具体制作方法见基础篇"男西服袖开衩"工艺
做袖里	缝合袖里前后袖缝，缝份1.2cm；将袖里缝份沿净缝向大袖方向扣倒，其中0.3cm的未缝缝份作为松量 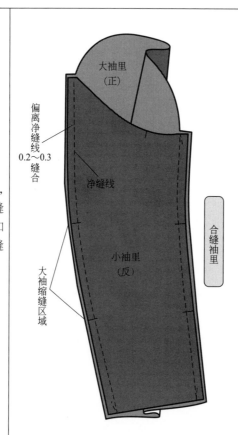 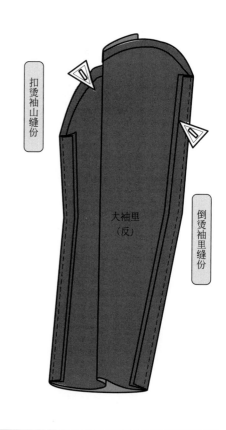
缝袖口	扣烫袖口贴边，袖面翻正，套入袖里内，缝合袖口 从袖口处掏出袖面，沿扣烫折印折进贴边，手缝缭针固定袖口贴边  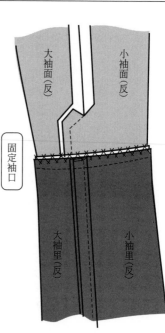

固定袖身	逐段翻正袖里，先在袖口处留出适量掩皮，再翻至肘部，将袖里的缝份与大袖面的缝份对齐标记，手缝几针进行局部固定 翻出袖面，理顺袖里，袖身的上段、下段分别绷缝，便于绱袖	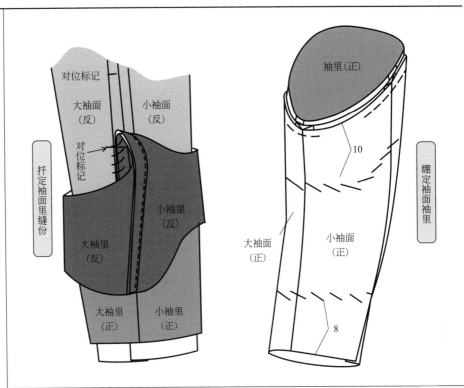
缩缝袖山吃势	拱针手缝抽缩袖吃势，缝线抽紧3cm左右，将匀褶后在烫凳上熨烫，使山头饱满、自然圆润。袖山吃势也可用机缝缩缝，将斜丝布条拉紧缝在袖山缝份上，自然回缩便可以收缩袖山吃势，具体方法参阅本书"女西服绱袖工艺"	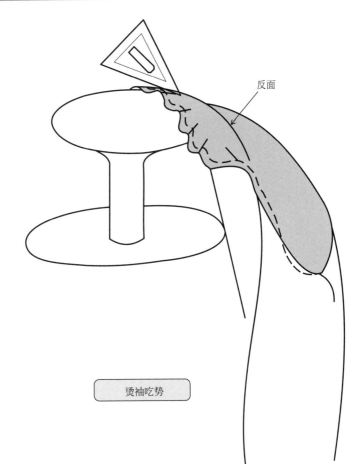

（12）绱袖面

		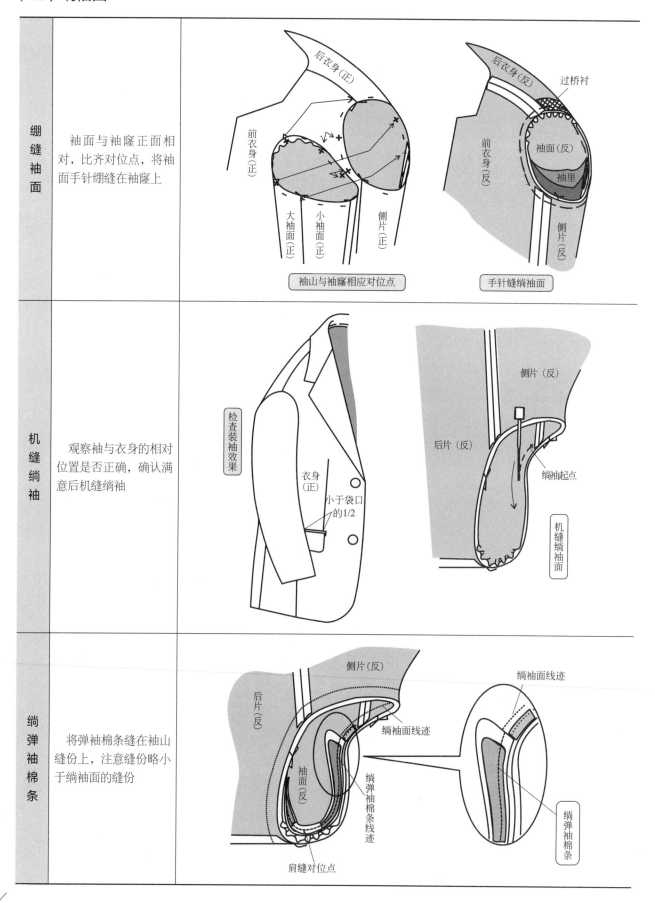
绷缝袖面	袖面与袖窿正面相对，比齐对位点，将袖面手针绷缝在袖窿上	
机缝绱袖	观察袖与衣身的相对位置是否正确，确认满意后机缝绱袖	
绱弹袖棉条	将弹袖棉条缝在袖山缝份上，注意缝份略小于绱袖面的缝份	

（13）绱垫肩

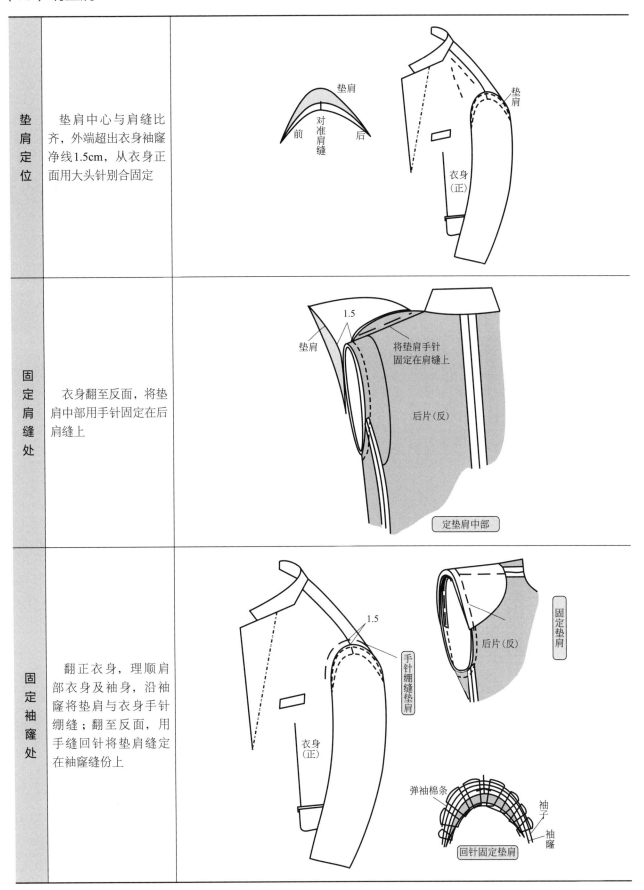

垫肩定位	垫肩中心与肩缝比齐，外端超出衣身袖窿净线1.5cm，从衣身正面用大头针别合固定	
固定肩缝处	衣身翻至反面，将垫肩中部用手针固定在后肩缝上	
固定袖窿处	翻正衣身，理顺肩部衣身及袖身，沿袖窿将垫肩与衣身手针绷缝；翻至反面，用手缝回针将垫肩缝定在袖窿缝份上	

（14）绱袖里

固定衣里袖窿	将衣里袖窿用手针定缝在垫肩与衣面的袖窿上	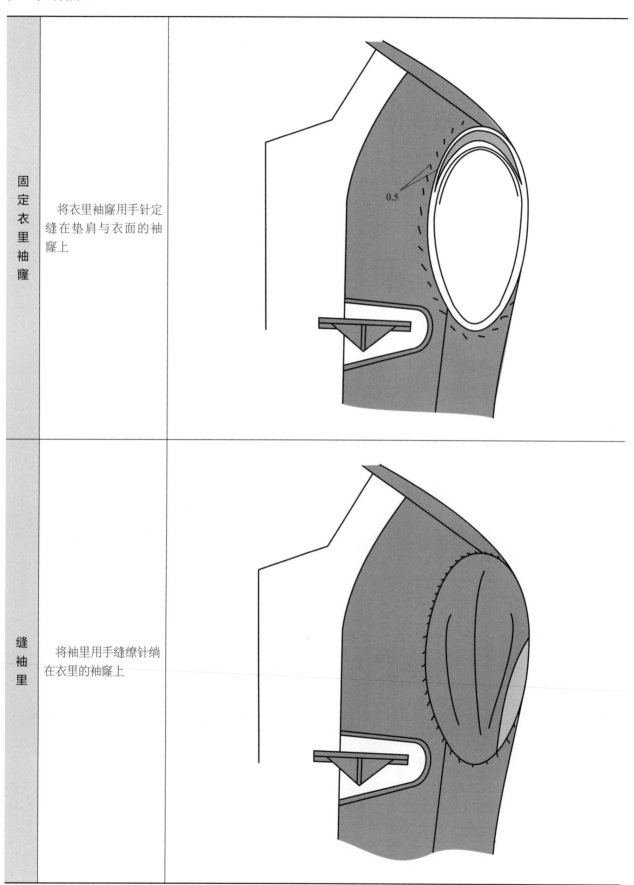
缝袖里	将袖里用手缝缭针绱在衣里的袖窿上	

（15）整烫

整烫衣里	把下摆拉开，铺在布馒头上，将不平之处熨烫平服，使下摆底边顺直，接着烫平后身，肩头和袖里可放在烫凳上熨烫
烫摆缝	把衣服翻转过来，摆缝下垫布馒头，中腰丝缕拉直平烫，上下稍归
烫后身	将背缝摆直，先平烫下部，然后中腰，上段归烫，领窝、背部袖窿熨烫平服
烫止口	将摆角放平，烫出窝势，理顺止口丝缕，止口要烫实、压薄；熨烫驳头时，贴着止口烫，条格面料要将条格烫顺直
烫挂面、驳头和领子	将挂面翻出，垫在布馒头上，烫出驳领窝势，左右两边对称，长短一致
烫袋、省、胸部、领底和袖子	将大袋盖摆正，条格面料要与大身条格对上，下垫布馒头，保持袋口胖势；胸省要保持弓形，收腰处前拔后归，将驳头翻起，熨烫胸部，下垫布馒头，将胸部椭圆形凸势烫圆顺；烫胸部时顺势往上将领底烫扁、烫薄，领窝烫平；把袖子套在烫凳上，摆顺前后袖缝熨烫平服。注意袖缝不能烫出折痕
烫驳口线	沿驳口线向外折烫，上接领翻折线，下至第一粒扣眼位，串口摆顺，驳口线拉直，由肩头直烫到驳口止点以上5cm处，顺势将领面沿翻折线熨烫平服
烫肩头、袖山	在肩头下垫烫凳，摆顺靠近领圈处丝缕，烫平肩头；用袖山烫板把袖山托起，在上面轻压烫顺圆势，不要烫出折痕

10. 成品工艺要求

项目		工艺要求
外观	整体效果	整烫平挺，归拔合理
	里、面、衬	无极光、烫黄、水渍、污渍、线头等
规格	衣长	允许误差 = ± 1cm
	袖长	允许误差 = ± 0.7cm
	总肩宽	允许误差 = ± 0.6cm
	胸围	允许误差 = ± 1.5cm
领子	领头	领形对称，领尖高低、左右一致，领窝齐顺
	串口、止口	串口顺直、长短一致，领止口顺直，不反吐
	领面	不反翘
	领子	翻领折线到位，领外口不紧不松
	领座	领座面无皱褶，面、里服帖，宽度符合要求
前身衣面	驳头	翻领松量适宜，不使驳口线高于或低于第一粒纽扣
		驳头面松紧适宜，驳口线顺直，外口圆顺，两侧对称
	门襟	止口长短一致，底角方正（或圆顺对称）
		止口平薄、不反吐、顺直

项目		工艺要求
前身衣面	胸部	胸部丰满、挺括、服帖
		胸衬位置适宜、对称
	手巾袋	袋板宽窄一致，翘势美观，袋口松紧适度
		缉线或暗缲美观，封结无毛漏，分缝平服
	大袋	袋位高低、前后一致
		袋盖里、面松紧适宜，造型一致
		嵌条线宽窄一致，松紧适度、顺直，袋位方正
		封结牢固，无毛漏
	肩缝	肩缝顺直、平服，左右长短一致
	摆缝	摆缝顺直、平服，左右长短一致
	省缝	省缝位置准确，省尖无酒窝、顺直，分烫平服
袖面	袖山	绱袖圆顺，吃势均匀
	袖筒	前后位置正确，两袖对称，袖筒顺直
	开衩	开衩长短一致，平服
	袖口	袖口大小对称，尺寸规格误差小
后身衣面	背缝	背缝顺直，后背平服
前后身衣里	前身衣里	肩缝顺直、对称
		挂面与耳朵皮的接缝顺直，无皱褶
		里袋袋口方正，袋口封结牢固，嵌条线宽窄一致
		底边圆顺，衣里与底边宽窄一致
	后身衣里	肩缝、摆缝顺直，摆缝有坐势
		背缝顺直，有坐势
	袖里	袖山吃势均匀，圆顺
		机缝袖窿里，绷线至少占到1/2以上，前后袖缝绷线固定
		里、面袖缝无错位
		袖口里子有掩皮
		垫肩位置适宜，绷线不紧
		袖里与袖口边宽窄一致，顺直
线迹	机缝	暗线顺直，针距达到标准，无断线、嵌条线
	手缝	无毛漏现象，针距适宜，针迹美观
		缲针松紧适宜、牢固
锁眼、钉扣	锁眼	扣眼位置正确，大小合适，针迹均匀
	钉扣	钉扣牢固、位置正确，有线脚，袖衩装饰扣距均匀

十二、西服马甲工艺

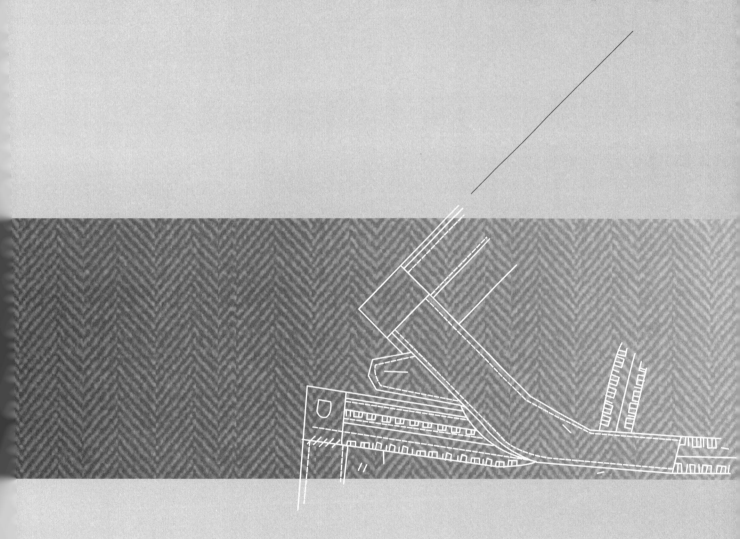

1. 款式说明与材料准备

款式说明		本款西服马甲造型合体，前领口呈V形，单排五粒扣，前下摆尖角，三开袋，前身收省，侧缝设摆衩，后身做背缝，收腰省；是男装中较为经典的款式，通常与西服上衣、裤子组成西服三件套。一般要求在西服驳领内可看到2～3粒扣，前身面料同西服面料，后身面里均采用西服里料
材料准备	面料	面料选择：面料材质适合选择毛织物、混纺织物或化纤类织物等，多采用深色高级精纺毛料制成，如黑色、藏青色和深灰色，也可以选择素色或细条纹的面料
		面料用量：幅宽144cm，用量70cm
	里料	里料选择：与面料材质、色泽、厚度相匹配
		里料用量：幅宽144cm，用量70cm
	辅料	（1）黏合衬：中等厚度机织布衬，幅宽90cm，长度约70cm；非织造布衬，幅宽90cm，长度约20cm
		（2）纽扣：1.2cm门襟用扣6粒，其中1粒备用，材质及颜色与所用面料相符
		（3）牵条，直丝牵条1.5m，斜丝牵条1m
		（4）缝线：准备与使用布料颜色及材质相符的机缝线
		（5）打板纸：整张绘图纸2张

2. 结构制图 ✂

制图规格 （cm）	号/型	胸围（B）	衣长（L）	背长	总体长（FL）
	170/88A	88+8	56	42.5	145

马甲原型在男装衣片原型基础上调整，男装衣片原型结构见"男衬衫工艺"

马甲原型

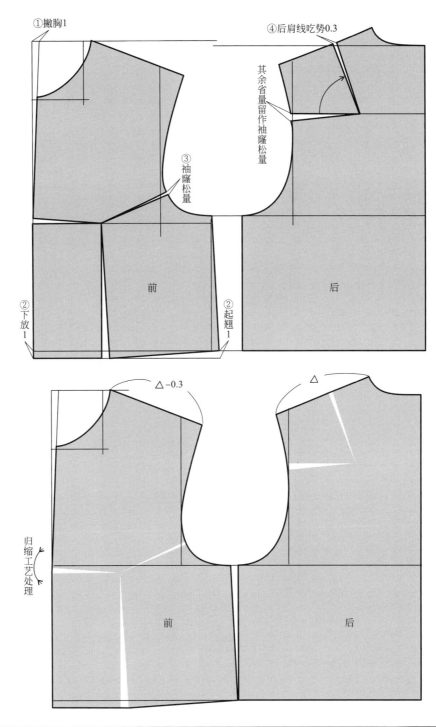

西服马甲结构在马甲原型基础上调整

马甲
制图

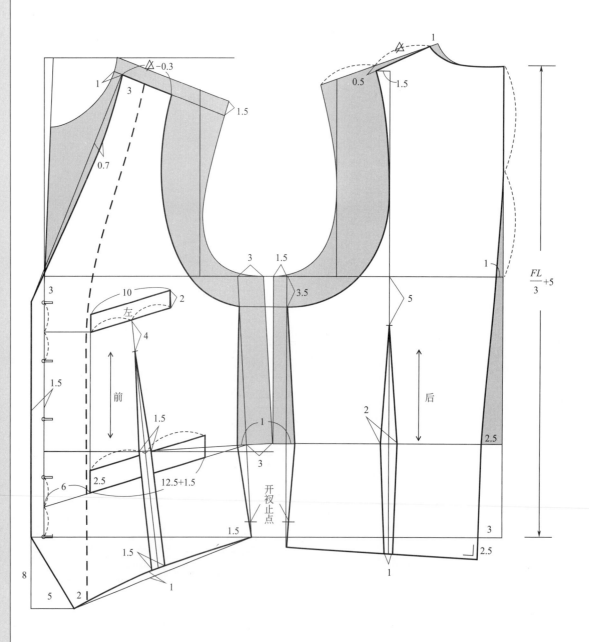

3. 放缝与排料

面料放缝

挂面与前身连接处为防止止口外吐，故放缝0.8cm，前片下摆不接挂面处放缝3cm，图中未特别标明的部位放缝量均为1cm，样板编号代码为C

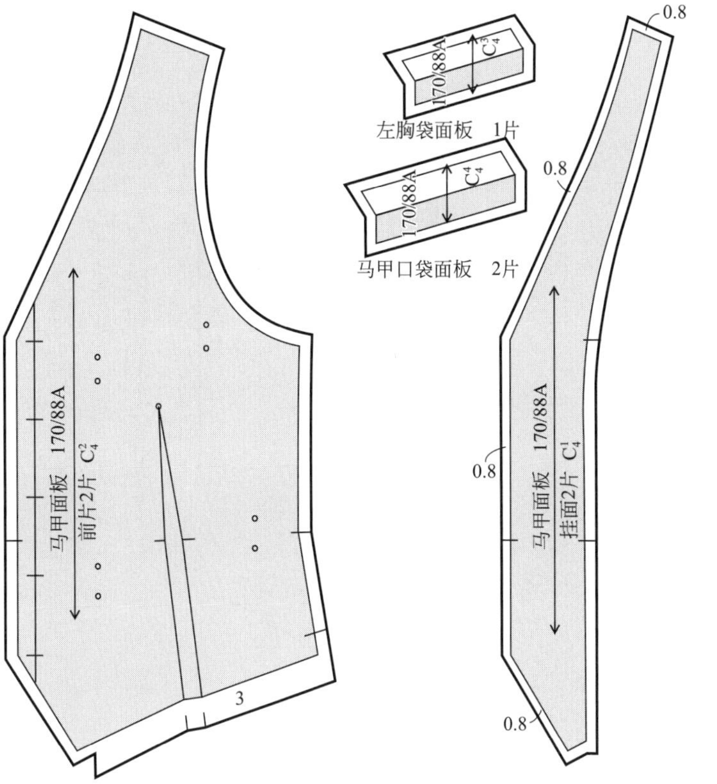
马甲面板 170/88A
前片2片 C_4^2
3
170/88A C_4^3
左胸袋面板 1片
170/88A C_4^4
马甲口袋面板 2片
0.8
0.8
0.8
0.8
马甲面板 170/88A
挂面2片 C_4^1

排料

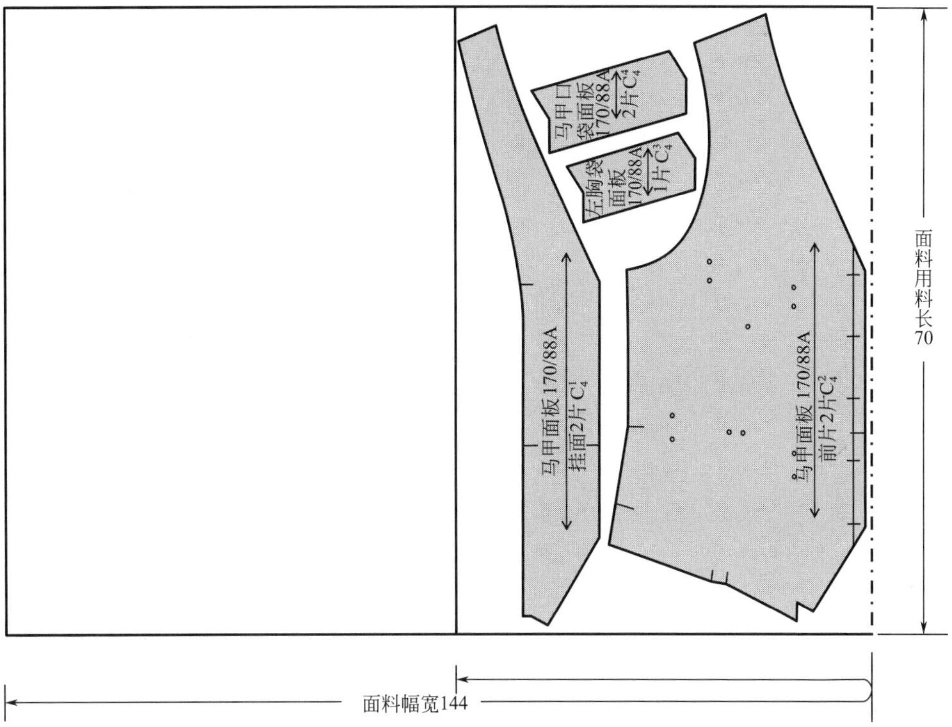
马甲口袋面板 170/88A 2片 C_4^4
左胸袋面板 170/88A 1片 C_4^3
马甲面板 170/88A 挂面2片 C_4^1
马甲面板 170/88A 前片2片 C_4^2
面料用料长70
面料幅宽144

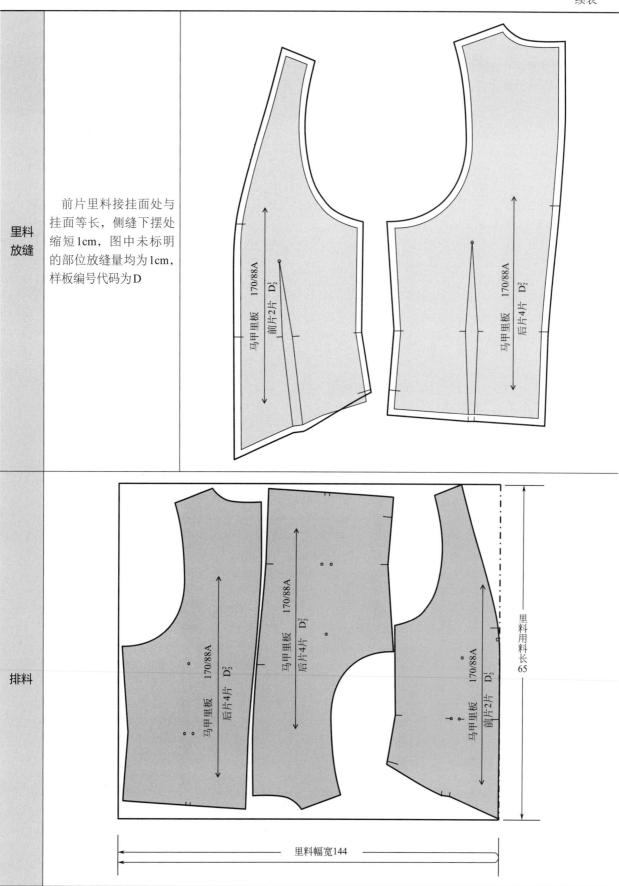

里料
放缝

　　前片里料接挂面处与挂面等长，侧缝下摆处缩短1cm，图中未标明的部位放缝量均为1cm，样板编号代码为D

排料

马甲里板 170/88A 前片2片 D_2^1

马甲里板 170/88A 后片4片 D_2^2

马甲里板 170/88A 后片4片 D_2^2

马甲里板 170/88A 后片4片 D_2^2

马甲里板 170/88A 前片2片 D_2^1

里料用料长65

里料幅宽144

4. 缝制准备 ✂

检查 裁片	检查数量：对照排料图，清点裁片是否齐全
	检查质量：认真检查每个裁片的用料方向、正反形状是否正确
	核对裁片：复核定位、对位标记，检查对应部位是否符合要求
画线	需要准确定形的部位，在裁片反面画线，如门襟止口净线、省位等
粘衬	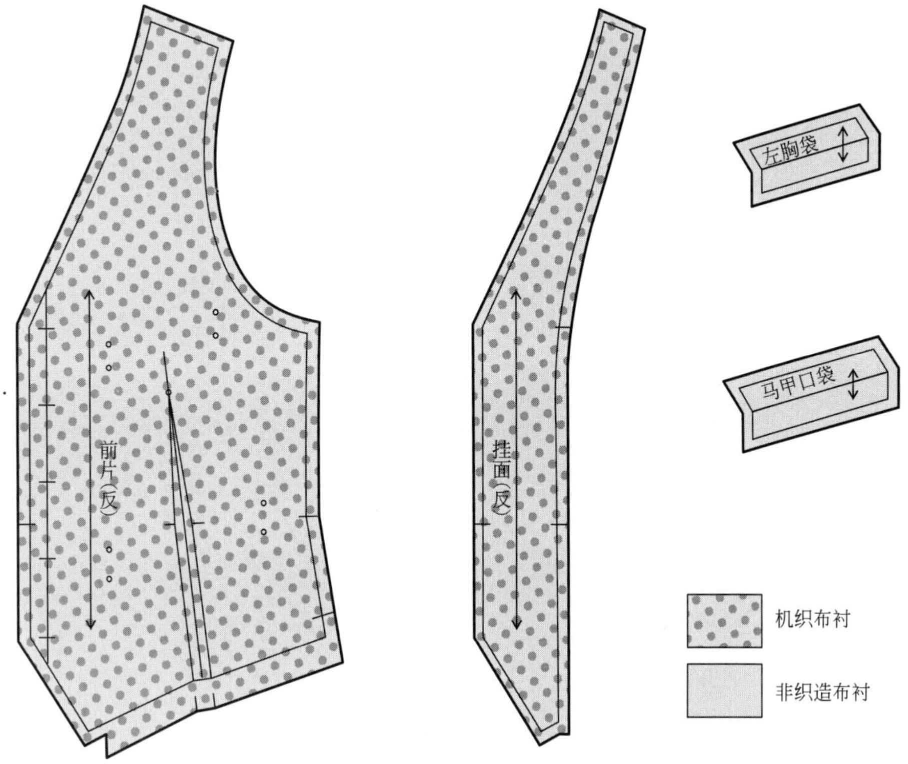
打线丁	

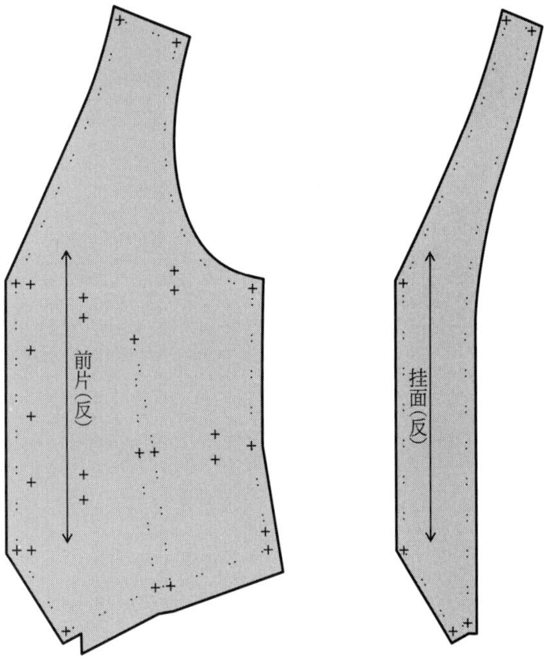

左胸袋

马甲口袋

前片（反）

挂面（反）

机织布衬

非织造布衬

前片（反）

挂面（反）

5. 缝制工艺流程 ✂

流程图示

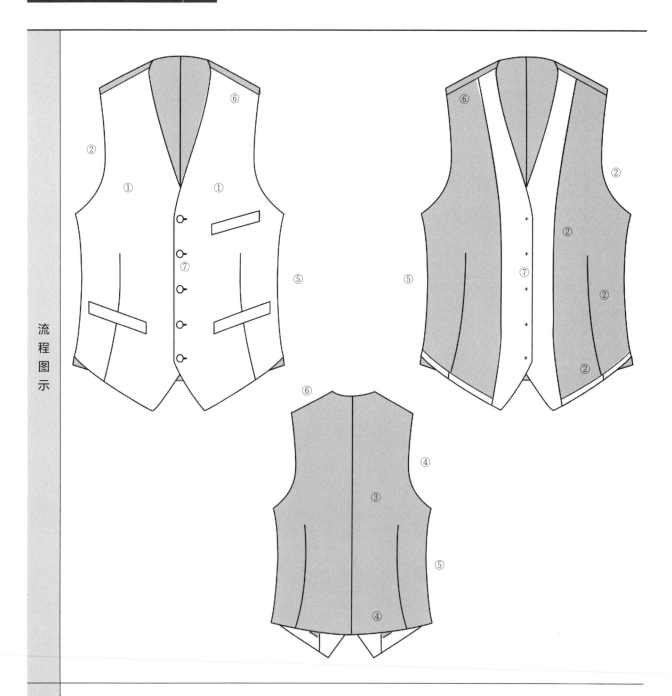

流程说明

① 做马甲面的前片：缝合省道，做口袋，归拔、定型，具体方法见工艺要点（1）

② 连接前片的里与面：具体方法见工艺要点（2）

③ 做后片：分别缝合后片里、面上的腰省，后中缝，起落针回针

流程说明	④ 连接后片的里与面：钩缝后片里与面的袖窿、领口、右侧后片领口及袖窿缝至净线处，便于右侧前后衣片合肩。钩缝摆至开衩止点。内凹弧线处要打剪口 为了方便缝合侧缝，可以缝好侧缝之后再缝后领口	
	⑤ 缝合侧缝：将前片侧缝插入两层后片侧缝之间，四层比齐缝合，分别从两侧肩缝处掏出前片，压烫侧缝	

⑥ 连接肩缝：由肩缝处翻正后片，分别连接两侧的肩缝，具体方法见工艺要点（3）

⑦ 锁钉：平头锁眼机在设定位置锁扣眼，手缝钉扣，具体方法参考基础篇"钉扣"，不需要留线柱，两侧开衩处打套结

⑧ 整烫：止口要烫实，不能外吐，熨烫正面时，要垫上烫布，以免出现极光

6. 工艺要点

（1）做马甲面的前片

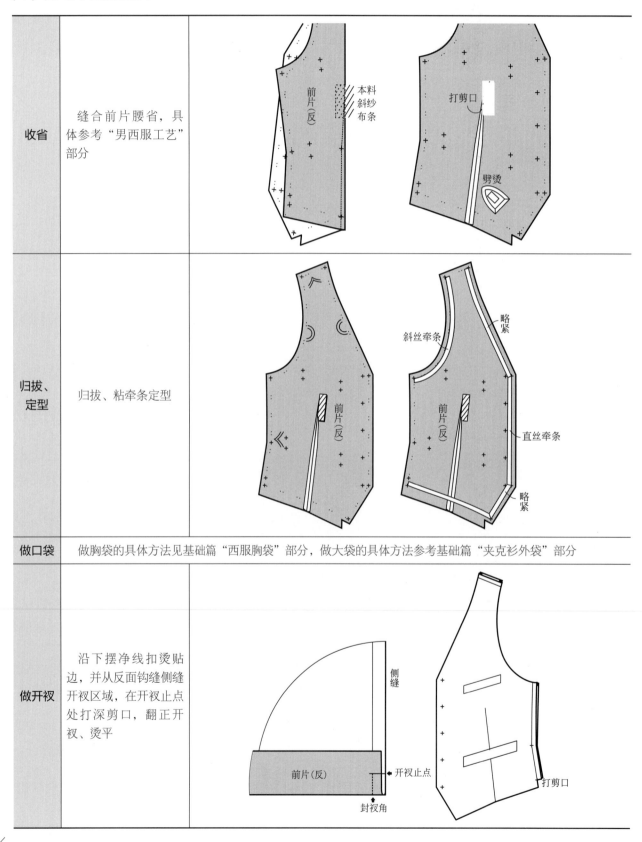

收省	缝合前片腰省，具体参考"男西服工艺"部分	
归拔、定型	归拔、粘牵条定型	
做口袋	做胸袋的具体方法见基础篇"西服胸袋"部分，做大袋的具体方法参考基础篇"夹克衫外袋"部分	
做开衩	沿下摆净线扣烫贴边，并从反面钩缝侧缝开衩区域，在开衩止点处打深剪口，翻正开衩、烫平	

（2）连接前片的里与面

缝合里片省道	缝合前里片上的腰省，起落针回针	
接缝挂面	肩缝至距离下摆净线2cm处缝合；将挂面缝份打深剪口，缝合区域的缝份倒向前片里，未缝合区域的缝份劈开	挂面（反）　前片里（反） 0.2cm 缝止点打剪口
钩缝门襟止口	缝线位置距离净线0.2cm，起止位置回针。连接时注意各对位点对齐	
钩缝袖窿	• 沿净线外0.2cm钩缝袖窿，袖窿上打剪口，弧度大的位置剪口比较多，偏直的位置剪口较少 • 翻正前衣片，压烫门襟及袖窿止口，注意挂面和里子不能反吐	
接缝下摆	• 连接前片下摆贴边与里子的下口 • 手针缭缝缝合挂面与贴边的接口处	挂面（反）　前片里（反）　开衩 前片里（正）　挂面（正） 手针缭缝固定

（3）连接肩缝

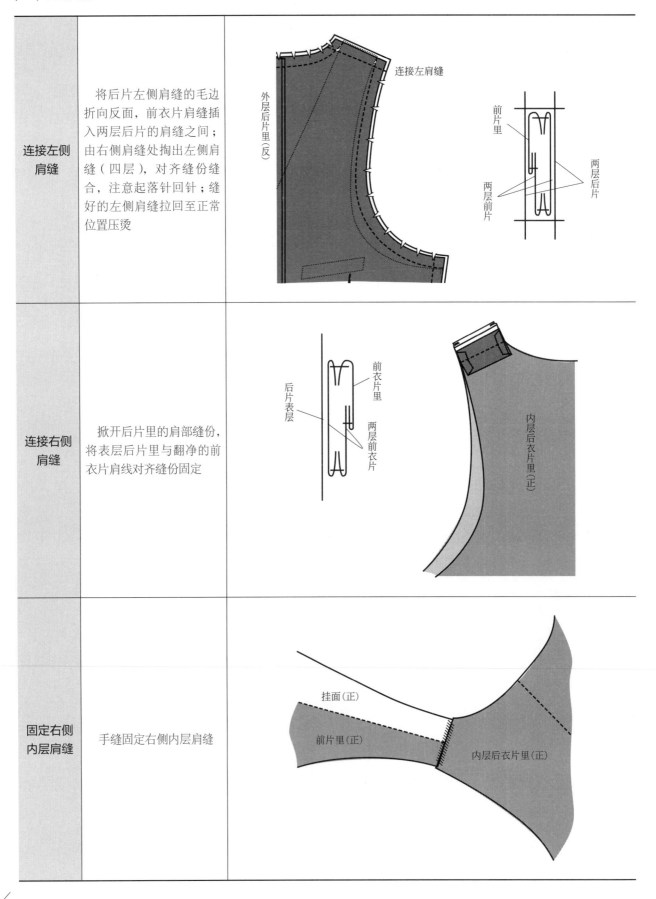

连接左侧肩缝	将后片左侧肩缝的毛边折向反面，前衣片肩缝插入两层后片的肩缝之间；由右侧肩缝处掏出左侧肩缝（四层），对齐缝份缝合，注意起落针回针；缝好的左侧肩缝拉回至正常位置压烫	
连接右侧肩缝	掀开后片里的肩部缝份，将表层后片里与翻净的前衣片肩线对齐缝份固定	
固定右侧内层肩缝	手缝固定右侧内层肩缝	

7. 成品工艺要求

项目		工艺要求
规格	衣长	允许误差：±1cm
	胸围	允许误差：±2cm
口袋		位置准确，规格符合要求
		袋板整齐、对称，无毛漏，明线整齐，封结牢固
		袋布规格符合要求，平整
		制作方法正确
领口		圆顺，平服，不抽不绞
门襟		顺直，对称，不绞，不吐
袖窿		平服，圆顺，不变形，左右对称
肩		小肩左右宽度一致
背		背缝无歪斜，不抽不皱，止口圆顺
底摆		宽度一致，止口均匀，不吊，不漏，前中摆角左右对称
开衩		平服，左右开衩高低一致，套结美观
里子		各部位面、里相符
		挂面与里子拼缝整齐，肩缝、侧缝平服
线迹		明暗线迹整齐、顺直，美观，无跳线、断线
锁眼钉扣		位置准确，钉扣方法正确、牢固
整烫效果		熨烫平服，平挺整洁，无光，无线头，无污渍，无黄斑，里面松紧适宜

十三、旗袍工艺

1. 款式说明与材料准备

款式说明		本款旗袍造型合体，吸腰、包臀，下摆内收。具体款式为圆角立领，偏圆大襟，腋下收胸省，前后左右各收一个腰省，两侧开衩。全挂里，领止口、袖口滚边，门襟钉盘扣
材料准备	面料	面料选择：面料材质适合选择丝、棉或化纤类织物等。夏季穿用的旗袍，面料应选择真丝双绉、绢纺、电力纺、杭罗等真丝织品；春秋季穿用的旗袍，面料应选各种缎和丝绒类，如织锦缎、古香缎、绉缎、乔其立绒、金丝绒等
		面料用量：幅宽110cm，用量为$L+SL+10$，约为170cm。幅宽不同时，根据实际情况酌情加减面料用量
	里料	里料选择：与面料材质、色泽、厚度相匹配
		里料用量：幅宽140cm，用量为$L+5$，约为110cm
	辅料	（1）黏合衬：薄型机织布黏合衬8cm×40cm，中等厚度非织造布黏合衬10cm×40cm。直纱牵条约300cm，斜纱牵条约60cm
		（2）盘扣：颜色及花型合适的成品盘扣4对，也可以自制，制作方法参考基础篇"手缝装饰工艺"部分
		（3）拉链：需要长度大约40cm的隐形拉链一条，要求与面料顺色
		（4）滚条：颜色合适的成品滚条6m，也可以自制，制作方法参考基础篇"机缝装饰工艺"部分
		（5）缝线：准备与使用布料颜色及材质相符的机缝线
		（6）打板纸：整张绘图纸3张

2. 结构制图及纸样

制图规格（cm）	号/型	胸围（B）	腰围（W）	臀围（H）	袖长（SL）	裙长（L）	领宽
	160/84A	84+8	68+6	90+4	52+1	105	4.5

原型衣片的调整

切开并将1/3肩省转移作后袖隆的松量

1/3留作前袖隆的松量

B/4　8　B/4

切开并将2/3胸省转移至此

BP

(W/4)−0.5+3.5　　(W/4)+0.5+2.5

裙片制图

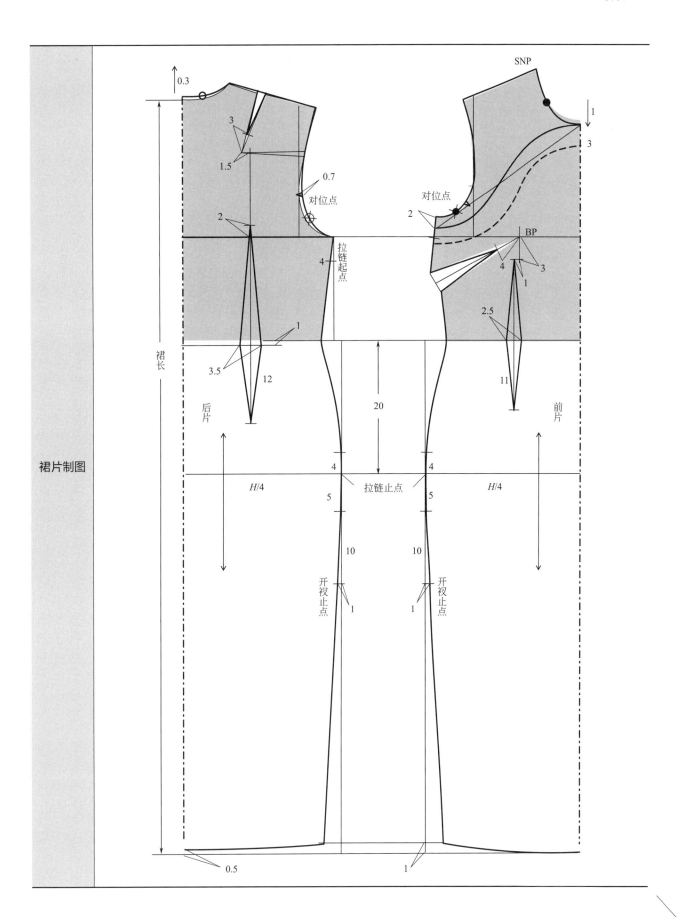

续表

袖片制图

领片制图

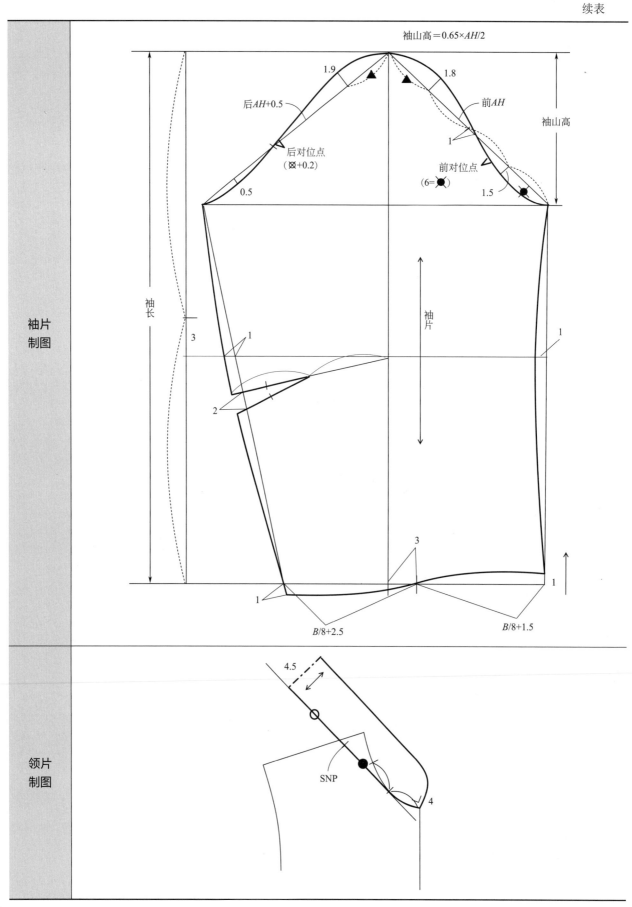

3. 放缝与排料

图中未标明的部位放缝量均为1cm。面料样板编号代码为C，里料样板编号代码为D。

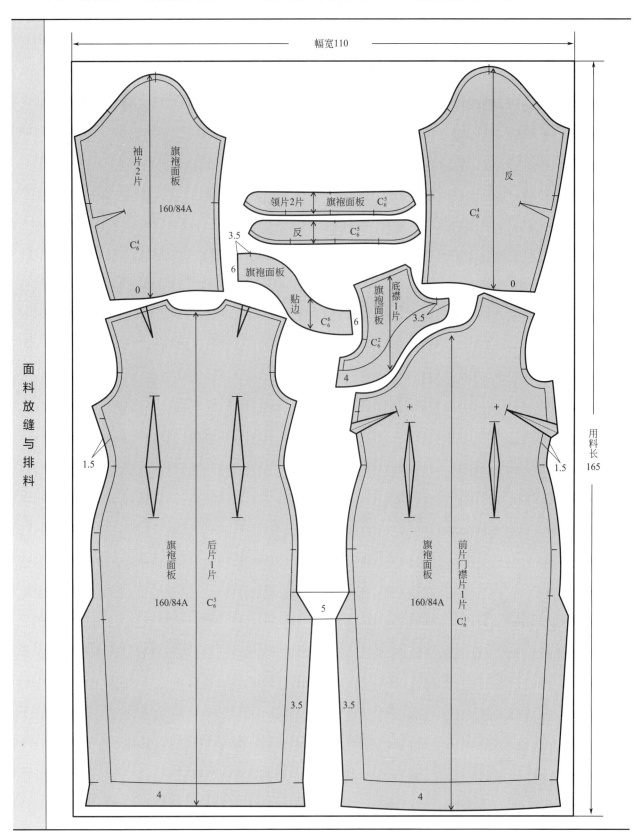

里料放缝与排料

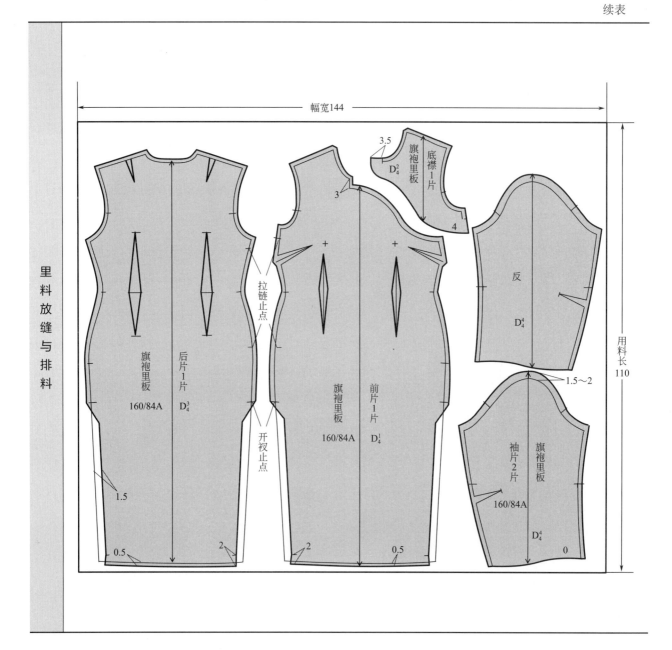

4. 缝制准备

检查裁片	检查数量：对照排料图，清点裁片是否齐全
	检查质量：认真检查每个裁片的用料方向、正反形状是否正确
	核对裁片：复核定位、对位标记，检查对应部位是否符合要求
画线	需要准确定形的部位，在裁片反面画线，如门襟止口净线、省位等

5. 缝制工艺流程

流程图示

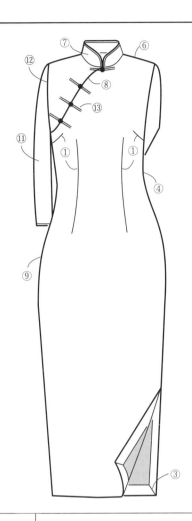

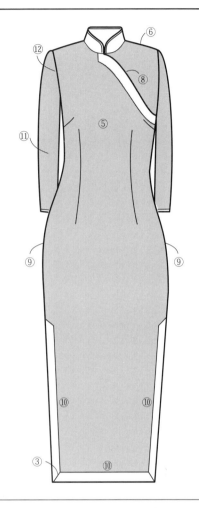

流程说明

① 前后片收省：缝合旗袍面前后片上的各个省道，起针收针打结；腰线区域的省缝打剪口（斜向）；熨烫省缝，腰省省缝倒向中心，腋下省缝倒向袖窿

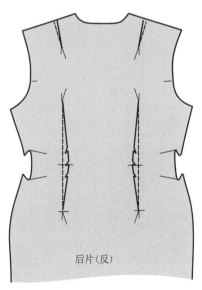

后片（反）

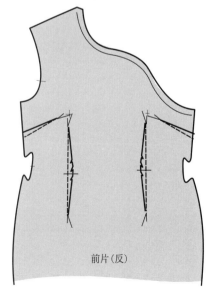

前片（反）

② 归拔、定型：归拔前、后片，粘牵条定型，具体方法见工艺要点（1）

流程说明	③ 拼缝下摆角：扣烫两侧开衩贴边及下摆贴边，转角处沿对角线拼缝，注意缝至净线处收针，留下缝份便于接缝里子	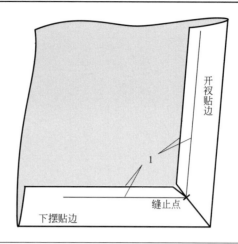
	④ 做左侧缝：先缝合拉链止点以上、以下的左侧缝，分烫缝份，然后绱隐形拉链，具体方法参考基础篇"裙装门襟工艺——隐形拉链"部分，注意需要专用压脚	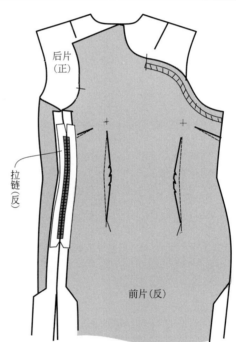
	⑤ 做衣身里子：将门襟贴边与前片里子拼缝，距侧缝2cm处止缝；然后前后片分别收省、烫省，省缝倒向与裙面相反	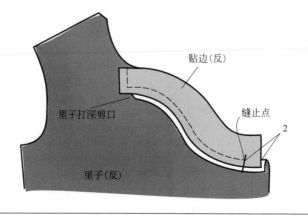

⑥ 缝合肩缝：将衣身面料的前、后片肩缝正面相对缝合，然后分烫缝份；里子前、后片的肩缝也相对缝合，缝份倒向后片

流程说明	⑦ 做领子：中式立领工艺，边缘包滚条，具体方法见工艺要点（2）
	⑧ 钩缝门襟（底襟）：连贯缝合衣身面与里子的门襟、里襟止口，其中领口区域夹缝绲领，具体方法见工艺要点（3）
	⑨ 做侧缝：缝合里子左侧缝并与拉链固定，做右侧缝，具体方法见工艺要点（4）
	⑩ 缝合开衩及下摆：钩缝开衩贴边及下摆贴边与裙里，里子开衩止点斜角处需要打剪口后再缝合 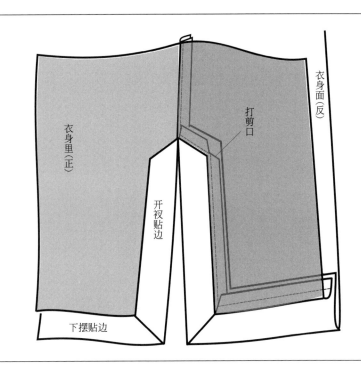
	⑪ 做袖子：分别做袖面、袖里，具体方法见工艺要点（5）
	⑫ 绱袖子：分别绱袖面、袖里，具体方法见工艺要点（6）
	⑬ 钉扣：为了加强钉扣部位的强度，用斜倒钩针在门底襟钉组部位缝3～4针，将尾部的毛边折回、手针固定，具体方法见基础篇"手缝装饰工艺——盘扣"。钉扣时用同色线，两组扣之间的门襟要求服帖 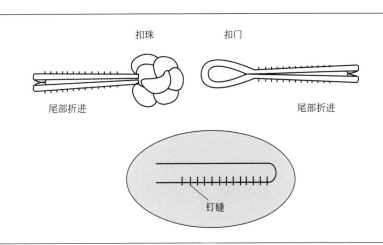
	⑭ 整烫：胸部、腰部、臀部及侧缝放在布馒头上熨烫平整；开衩及下摆铺平烫实，完成后应面、里无皱、无光、无污

6. 工艺要点

（1）归拔、定型

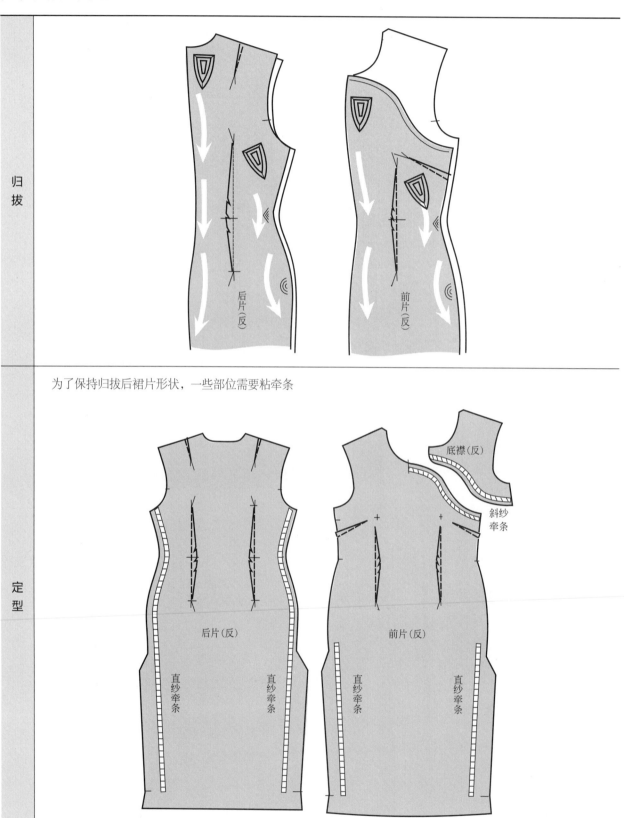

为了保持归拔后裙片形状，一些部位需要粘牵条

归拔

定型

后片（反）

前片（反）

底襟（反）

斜纱牵条

后片（反）

前片（反）

直纱牵条

直纱牵条

直纱牵条

直纱牵条

（2）做领子

粘衬	领面粘机织布黏合衬（净衬），领里粘非织造布黏合衬（全衬）	领面（反） 领面（反）
装滚条	领里、领面反面相对，比齐止口临时固定；一趟线骑缝装滚条，表面会有线迹。如果领面不允许有线迹，可以先机缝表层，然后手针缭缝内层；如果滚条带有嵌条装饰，可以正面灌缝在嵌条上 滚条也可以自制，制作方法参考基础篇"手缝装饰工艺——滚边工艺"部分	0.3　绷缝 领面（正） 滚条 领面（正） 明缝滚条 0.1 领面（正） 灌缝滚条 嵌条 领面（正）

（3）钩缝门襟（底襟）

钩缝底襟	将底襟里、面正面相对，对准对位点，距侧缝2cm处开始钩缝底襟下口，缝至领圈中点暂停	
绱领	将做好的立领夹在衣片里、面之间；不断线继续缝合，注意对准四层记号，缝至门襟一侧领圈中点暂停	
钩缝门襟	不断线，接着缝合门襟止口，缝至侧缝收针。钩缝底襟、门襟与绱领可以一条线完成	
烫止口	将底襟、门襟正面翻出，止口烫平	

（4）做侧缝

缝合旗袍里左侧缝	对应旗袍面拉链起点与止点，里子上下分别少缝1.5cm；下端缝至距开衩止点1cm处止针，倒回针固定	
固定里子与拉链	里子缝份正面与拉链的反面相对，比齐缝份边缘后缝合，缝份1cm。上下端1.5cm内斜向缝合，形成过渡	1.5 固定里子与拉链 1.5 后片里（正） 前片里（正） 1
缝合旗袍面右侧缝	掀开里子，临时固定门襟（连同贴边）、底襟面侧缝对位点；将前片完整的侧缝与后片侧缝缝合至开衩止点	底襟面（正） 贴边（正） 后片面（正） 前片面（正）
缝合里子的右侧缝	底襟里与前片里在侧缝处正好对接，形成完整的前侧缝，与后侧缝缝合，距开衩止点0.5cm处止针，倒回针固定	

（5）做袖子

拔袖片	拔开前袖缝肘位，使前袖缝成直线状。注意两层袖片一并操作，保证两袖的拔开量一致	 袖片（反）
收肘省	分别缝合袖里与袖面肘省，袖面省缝倒向袖山方向，袖里省缝倒向相反，省尖要烫平服	
抽袖山	袖里用机器大针脚车缝，抽缩袖山吃势；袖面用1.5cm宽度的斜纱白布条缝缩吃势，缩缝后的袖山与袖窿长度基本一致，在专用烫板上将袖山吃势烫圆顺	 袖片（反）
缝合袖缝	分别缝合袖里、袖面侧缝；缉缝袖里时，距净缝线0.3cm缝合；袖面劈缝，袖里缝份倒向后侧，沿净线座烫，留出掩皮	
固定袖缝	袖面、袖里缝份相对，比齐袖口，在肘部上下将面、里缝份用手针绷缝固定	

（6）绱袖子

绱袖面	袖面与旗袍面袖窿正面相对缝合。注意对准对位点，先绷缝后车缝	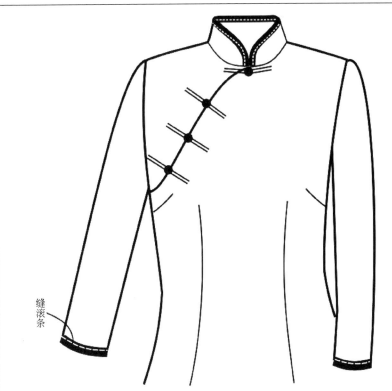
绱袖里	袖里与衣身里的袖窿正面相对缝合。同样注意对准对位点	
包袖口	袖面在外，与袖里反面相对套合，临时固定袖口；取滚条与袖口围等长，斜角拼接成圈；用与领止口相同的方法装滚条	

7. 成品工艺要求

项目		工艺要求
规格	衣长	允许误差：±1cm
	袖长	允许误差：±0.5cm
	肩宽	允许误差：±0.5cm
	领围	允许误差：±0.4cm
	胸围	允许误差：±0.4cm
	腰围	允许误差：±0.4cm
	臀围	允许误差：±0.4cm
领		领头圆顺、对称、窝服，领口平齐，止口平薄，领口不外吐
滚边		各部位滚边宽度一致，顺直平服，松紧适宜
省		分别对称，省份顺直，省尖无泡
开衩		长短一致，止点处平服、牢固，摆角窝服，不起吊，不反翘，止口顺直，不搅不豁
袖		装袖圆顺，对位准确，吃势均匀，无死褶
里		松紧适宜，平整贴服
钉组		盘组大小一致，位置准确，门襟、底襟平服
整烫效果		外形挺括，止口顺直、美观，无线头、无污、无黄斑、无极光、无水渍

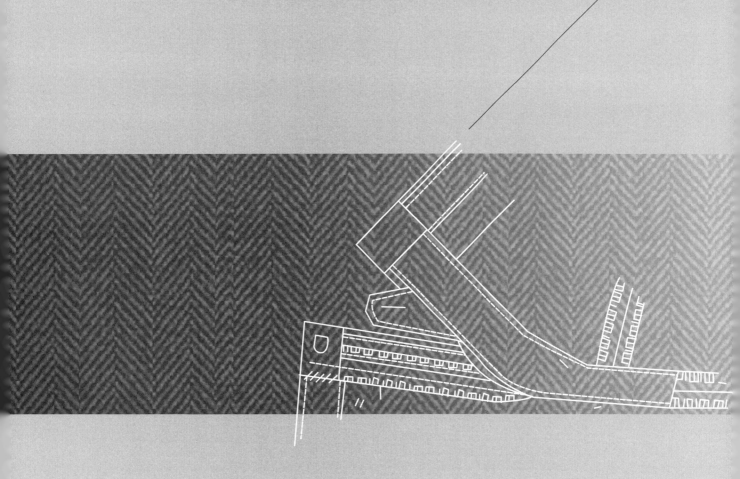

十四、汉服工艺

1. 款式说明与材料准备 ✂

本款汉服上衣为交领琵琶袖短衫（单层无里），衣长至臀部，前后片衣身均有中缝，袖身处有分割，无肩缝，有领缘、袖缘，侧缝处有开衩，衣领、腋下、下摆处均为弧线状，衣身侧缝处两侧均有系带。下身为马面裙，缠裹式穿着方式，左右两片裙在前后均有重叠，前后左右各有五个顺风裥，均倒向侧缝，宽腰头，腰头左右两侧有系带

款式说明

材料准备

面料

面料选择：上衣面料材质适合选择棉、麻、丝或化纤类织物等，不同的质感呈现的服装外观有较大差别，常用的面料有雪纺、竹节棉、织锦缎、色丁等。下身裙子面料适合选择略厚重的绸缎类布料，有专用于马面裙的布料，上有横向图案，可用于裙襕装饰

面料用量：幅宽144cm，上衣用量约为190cm，下裙用量为400cm。幅宽不同时，也可根据实际情况酌情加减面料用量

辅料

（1）黏合衬：中等厚度非织造布衬，幅宽90cm，长度约50cm

（2）缝线：准备与使用布料颜色及材质相符的机缝线

（3）打板纸：整张绘图纸2张

2. 结构制图 ✂

上衣制图规格（cm）	号/型	胸围（B）	衣长（L）	通袖长	袖口围	领缘宽（a）	袖缘宽（b）
	160/84A	84+8	60	192	32	6	6

右衣片大部分数据与左衣片对称，未标注部分参照左衣片，领缘为左右整体结构

衣身制图

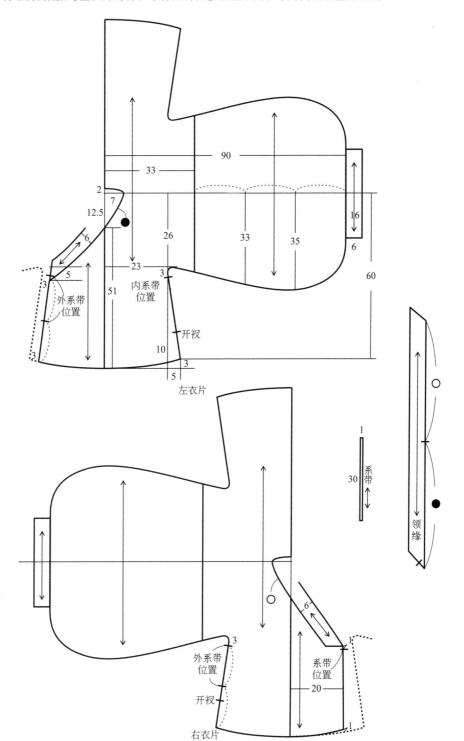

续表

马面裙制图规格（cm）	裙长（含腰头）	腰围	马面宽	腰头宽	系带长	系带宽
	104	70	25	8	100	3

裙子制图

马面裙由四个裙片组成，两两连接后形成两个马面宽，重叠后连接在一个腰头上，穿着时在前中及后中均有重叠量，即马面。在制作马面裙时为使面料得到最大程度的利用，应在结构设计时根据面料幅宽进行计算。计算方法如下

幅宽＝144cm

n（裥的个数）＝5

▲＝（腰围/4－马面宽/2）÷（n-1）＝1.25cm

■＝（幅宽－14－腰围/4－马面宽/2）÷n＝20cm

四个裙片中，左前及右后两片如下图所示，左后及右前两裙片与前面两片对称

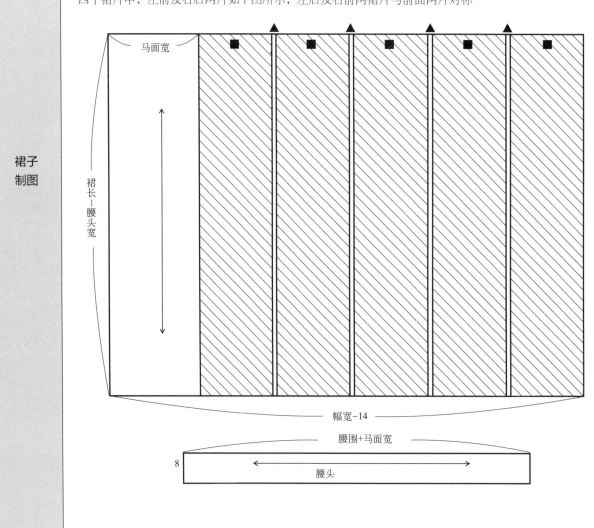

3. 放缝与排料

图中未标明的部位放缝量均为1cm。

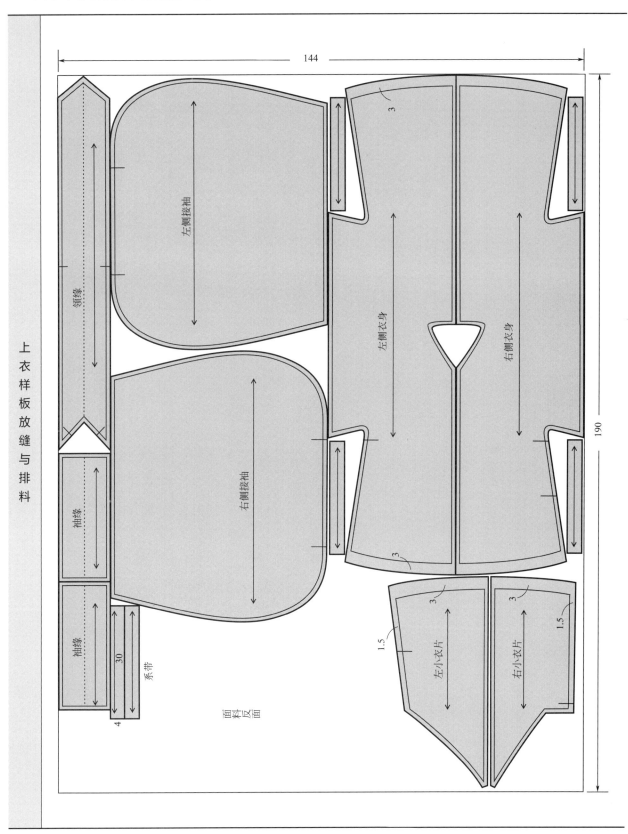

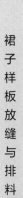

裙子样板放缝与排料

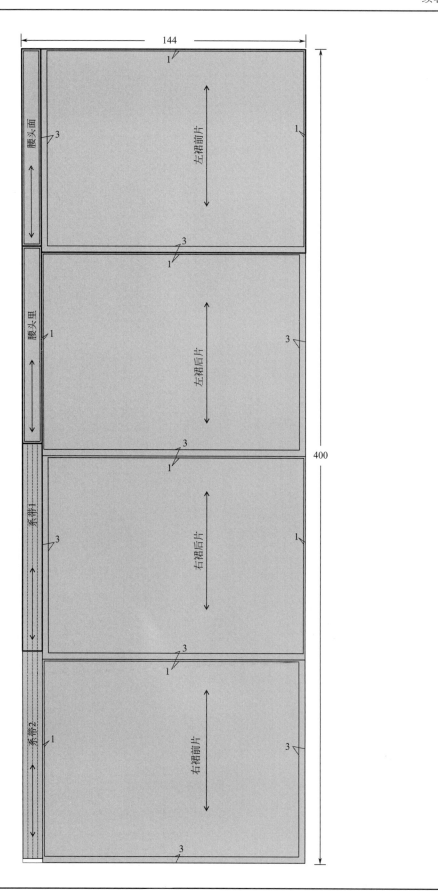

4. 缝制准备

检查裁片	检查数量：对照排料图，清点裁片是否齐全
	检查质量：认真检查每个裁片的用料方向、正反形状是否正确
	核对裁片：复核定位、对位标记，检查对应部位是否符合要求
画线	需要准确定形的部位，在裁片反面画线
粘衬	领缘及袖缘粘非织造布衬 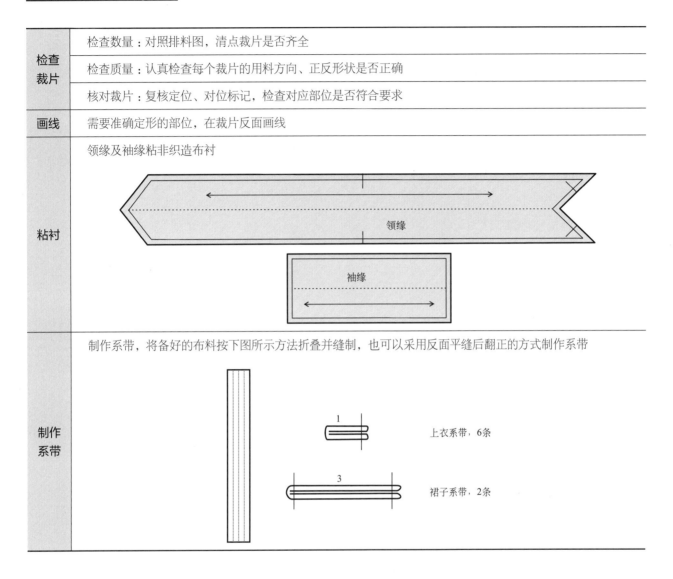
制作系带	制作系带，将备好的布料按下图所示方法折叠并缝制，也可以采用反面平缝后翻正的方式制作系带

5. 缝制工艺流程

流程图示	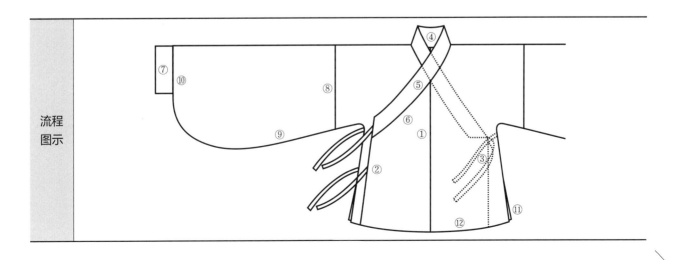

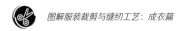

流程 说明	① 拼前中缝：将左右衣片与对应小衣片平缝拼接，锁边倒缝
	② 处理外层衣片门襟止口：卷边缝，夹入系带
	③ 处理内层衣片门襟止口：卷边缝，夹入系带
	④ 拼后中缝：将左右衣片在后中处平缝拼接，锁边倒缝
	⑤ 制作领缘：具体方法见工艺要点（1）
	⑥ 绱领缘：从内层小衣片水平线一端起，采用正反夹缝（灌缝）的工艺绱领缘，下面无明线
	⑦ 制作袖缘：将两端缝合成筒状，劈缝后对折熨烫，并扣净缝份
	⑧ 拼接身袖：袖子与衣身平缝拼接，锁边倒缝
	⑨ 合侧缝：从衣身开衩止点到袖口止点合侧缝，注意在右衣身外侧夹入两条系带，在左衣身侧缝内侧夹入一条系带，锁边
	⑩ 绱袖缘：在袖片上的袖口止点处打剪口，以骑缝的方式绱袖缘
	⑪ 做开衩：将侧缝处缝份卷边折回，明线固定，在开衩止点处打套结固定
	⑫ 做下摆：折边缝固定下摆，如果面料较透明，则采用卷边缝的方式
	⑬ 整烫
流程 图示	
流程 说明	① 处理裙片两侧：将四个裙片边缘3cm的缝份卷边缝
	② 拼接裙片：取相对的两裙片，将中间1cm的缝份拼缝，并劈缝烫平
	③ 处理下摆：折边缝处理下摆
	④ 熨烫折裥：具体方法见工艺要点（2）
	⑤ 用相同的方法处理另一侧裙片
	⑥ 钩缝腰头：将腰头面与腰头里正面相对，钩缝两端及上口，并将系带夹入腰头两侧
	⑦ 绱腰头：具体方法见工艺要点（3）
	⑧ 整烫

6. 工艺要点

（1）制作领缘

修剪	为使领缘制作完成后外观平整，需要确保缝份折回后无重叠，因此需要修剪转角处的缝份（灰色区域），修剪至距净线0.2cm处，在凹角处打剪口	打剪口
熨烫	将表层领缘及外口的缝份扣烫好，对折领缘，将里层领缘的缝份扣烫至正面，由于面料厚度，整理好缝份后的里层领缘较表层大，便于绱领缘	里层领缘 表层领缘 （反） 对折领缘 （正） 里层缝份包回 （正） 整理缝份 （正）
钩头	将系带夹入领缘，从反面沿扣烫线钩缝领缘外口，翻正。钩头与熨烫的顺序可以交换	（反） 钩缝领缘外口 系带

（2）熨烫折裥

折裥的折叠方法如下图，前后裙片的第一对裥在侧缝处相对，空▲后折第二对裥，依次进行，共5对，裥大小相等，上下同宽，分别找到裙片上下口的叠裥位置后，可两人用力拉直面料，再用熨斗压烫，也可单人画出准确的折叠线后从上到下压烫

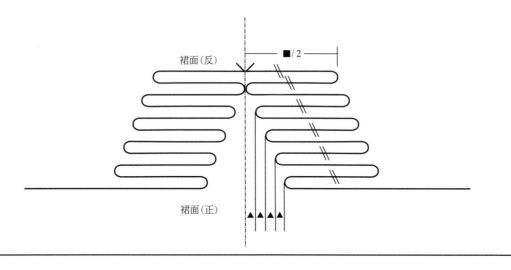

（3）绱腰头

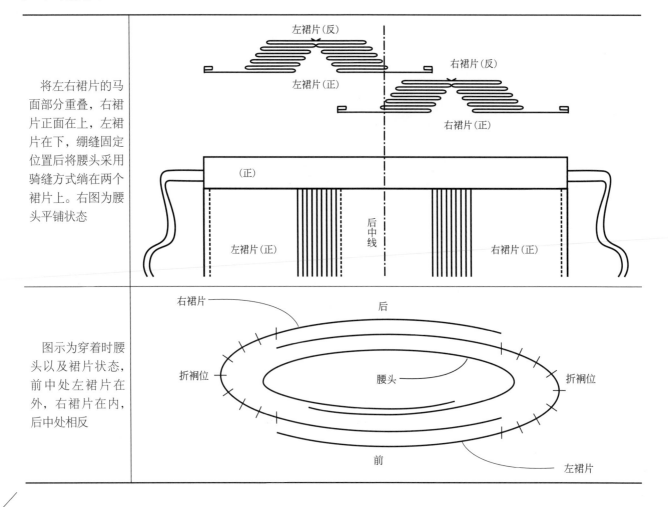

将左右裙片的马面部分重叠，右裙片正面在上，左裙片在下，绷缝固定位置后将腰头采用骑缝方式绱在两个裙片上。右图为腰头平铺状态

图示为穿着时腰头以及裙片状态，前中处左裙片在外，右裙片在内，后中处相反

7. 成品工艺要求

项目		工艺要求
规格	衣长	允许误差：±1cm
	袖长	允许误差：±0.7cm
	胸围	允许误差：±2cm
	腰围	允许误差：±1cm
	裙长	允许误差：±1cm
领缘		平服，止口不反吐，线迹整齐，上下层连接牢固，不拧不皱
袖缘		不拧不皱，连接平整，宽窄一致，左右对称，上下层连接牢固
袖缝		两侧弧度对称，顺直，平服
门襟		交领门襟平整，无拉伸变形，前中拼接顺直平整
上衣侧缝		顺直，左右长短一致
上衣开衩		前后长度一致，不翘不拧，套结牢固
底摆、裙侧边		宽度一致，止口均匀
裙折裥		上下宽度一致，左右间距均匀，烫迹线顺直
裙腰		平服，宽度一致，不拧不皱，连接牢固
线迹		明暗线迹整齐、顺直，美观，无跳线、断线
系带		明线宽度一致，不拧不皱，连接牢固
整烫效果		平挺整洁，无光，里面松紧适宜

参考文献

［1］潘凝.服装手工工艺［M］.2版.北京：高等教育出版社，2003.

［2］朱松文，刘静伟.服装材料学［M］.5版.北京：中国纺织出版社，2015.

［3］王革辉.服装面料的性能与选择［M］.上海：东华大学出版社，2013.

［4］中屋 典子，三吉满智子.服装造型学.技术篇Ⅰ［M］.孙兆全，刘美华，金鲜英译.北京：中国纺织出版社，2004.

［5］中屋 典子，三吉满智子.服装造型学.技术篇Ⅱ［M］.刘美华，孙兆全译.北京：中国纺织出版社，2004.

［6］张文斌.服装结构设计.女装篇［M］.北京：中国纺织出版社，2017.

［7］张文斌.服装结构设计.男装篇［M］.北京：中国纺织出版社，2017.

［8］张文斌.成衣工艺学［M］.3版.北京：中国纺织出版社，2010.

［9］张繁荣.男装结构设计与产品开发［M］.中国纺织出版社，2014.

［10］张繁荣.服装工艺［M］.3版.北京：中国纺织出版社，2017.

［11］陈丽，刘红晓.裙·裤装结构设计与缝制工艺［M］.上海：东华大学出版社，2012.

［12］许涛.服装制作工艺：实训手册［M］.2版.北京：中国纺织出版社，2013.

［13］潘波，赵欲晓，郭瑞良.服装工业制板［M］.3版.北京：中国纺织出版社，2016.

［14］朱秀丽，鲍卫君，屠晔.服装制作工艺.基础篇［M］.3版.北京：中国纺织出版社，2016.

［15］鲍卫君.服装制作工艺.成衣篇［M］.3版.北京：中国纺织出版社，2016.

［16］周捷，田伟.女装缝制工艺［M］.上海：东华大学出版社，2015.

［17］刘锋，吴改红.男西服制作技术［M］.上海：东华大学出版社，2014.

［18］刘锋，服装工艺设计与制作.基础篇.北京：中国纺织出版社有限公司，2019.

［19］纺织工业科学技术发展中心.中国纺织标准汇编服装卷［M］.2版.北京：中国标准出版社，2011.